甘肃省河流泥沙公报

2020

甘肃省水利厅 编

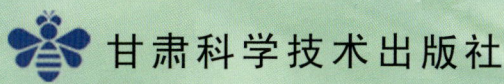

甘肃科学技术出版社

图书在版编目(CIP)数据

甘肃省河流泥沙公报. 2020 / 甘肃省水利厅编. -- 兰州: 甘肃科学技术出版社, 2021.9
　ISBN 978-7-5424-2864-6

　Ⅰ.①甘… Ⅱ.①甘… Ⅲ.①河流泥沙－公报－研究－甘肃－2020 Ⅳ.①TV152

中国版本图书馆CIP数据核字(2021)第185850号

甘肃省河流泥沙公报 2020
甘肃省水利厅　编

责任编辑	杨丽丽
封面设计	王毓森

出　版	甘肃科学技术出版社
社　址	兰州市读者大道568号　730000
网　址	www.gskejipress.com
电　话	0931-8121236（编辑部）　0931-8773237（发行部）
京东官方旗舰店	http://mall.jd.com/indes-655807.html

发　行	甘肃科学技术出版社	印　刷	甘肃荣祥印刷有限公司印刷
开　本	880毫米×1230毫米 1/16	印　张	2.75　字　数　48千
版　次	2021年9月第1版		
印　次	2021年9月第1次印刷		
印　数	1~500		
书　号	ISBN 978-7-5424-2864-6	定　价：65.00元	

图书若有破损、缺页可随时与本社联系：0931-8773237
本书所有内容经作者同意授权，并许可使用。
未经同意，不得以任何形式复制转载

《甘肃省河流泥沙公报 2020》编委会

主　　任：陈继军
副 主 任：杨忠琪　陈吉平
编　　委：郑德兵　黄维东　王毓森

编 写 组

主　　编：王毓森
副 主 编：张德栋　郑　洋　聂文晶
专项编写成员：
　　径 流 量：王亦农　郑　洋
　　输 沙 量：朱朝霞　胡　波
　　冲淤变化：郑一帆　陈登农
　　制　　图：龚海波　宋阁庆
　　资　　料：刘天华　徐桂霞

主要编制单位

甘肃省水利厅　　　　　　　　　　　　黄河水利委员会水文局
甘肃省水文水资源局　　　　　　　　　酒泉水文水资源勘测局
张掖水文水资源勘测局　　　　　　　　武威水文水资源勘测局
兰州水文水资源勘测局　　　　　　　　定西水文水资源勘测局
临洮水文水资源勘测局　　　　　　　　陇南水文水资源勘测局
天水水文水资源勘测局　　　　　　　　平凉水文水资源勘测局
庆阳水文水资源勘测局

主要参加人员

　　甘肃省水利厅：孙　超　徐　文　杨晓婧
　　　　　　　　　耿瑜婷　杨富强　李金蓓
　　黄河水利委员会水文局：刘建军　潘启明　马志瑾
　　甘肃省水文水资源局：姜　锋　昝大为　王若臣
　　　　　　　　　　　　赵永刚　谢军健　扈家昱
　　　　　　　　　　　　张　英　王学良
　　酒泉水文水资源勘测局：张百祖　祁向荣　蒋　憬
　　张掖水文水资源勘测局：刘　涛　周轶成　黄芳兰
　　武威水文水资源勘测局：胡铁军　宿　强　马　睿
　　兰州水文水资源勘测局：王世均　徐　文　肖　萍
　　定西水文水资源勘测局：史卫东　邓念德　贾　杰
　　临洮水文水资源勘测局：景春刚　仲复捷　王汉卿
　　陇南水文水资源勘测局：陈　凯　雒东宁　吕亚斌
　　天水水文水资源勘测局：何　炜　金　宝　赵军霞
　　平凉水文水资源勘测局：党喜成　路东旭　陈　程
　　庆阳水文水资源勘测局：王鑫平　田瀛莉　朱淑霞

前　言

　　《甘肃省河流泥沙公报》是反映甘肃省河流主要水文控制站实测水沙变化及断面冲淤情况的年报，在江河治理、防洪、水资源开发利用和保护以及水土保持等方面都具有十分重要的作用。

　　《甘肃省河流泥沙公报 2020》依照《河流泥沙公报编制规程》(SL474-2010)编制，编制范围包括甘肃省内陆河、黄河、长江三大流域的疏勒河、黑河、石羊河、黄河干流、湟水、洮河、渭河、泾河、嘉陵江 9 个水系 27 条河流，涉及径流量、输沙量和含沙量等均为实测数据。

　　甘肃省水利厅负责《甘肃省河流泥沙公报 2020》的发布工作，甘肃省水文水资源局承担具体编制任务。编制过程中，得到了省水利厅、黄河水利委员会水文局及全省各基层水文勘测局的大力支持与帮助，在此表示感谢，并向常年奋战在基层测站一线的广大水文工作者致以崇高的敬意！

编写说明

1.编制发布《甘肃省河流泥沙公报》，旨在向政府和社会公众提供甘肃省主要河流的泥沙信息，为各级政府和行业部门决策等提供数据服务。《甘肃省河流泥沙公报2020》参照《河流泥沙公报编制规程》（SL474-2010）编制，主要采用甘肃省水文水资源局的实测资料，部分资料为黄河水利委员会水文局所辖测站实测资料。

2.河流中运动的泥沙一般分为悬移质（悬浮于水中向前运动）与推移质（沿河底向前推移）两种。《甘肃省河流泥沙公报2020》中的输沙量均指悬移质输沙量。

3.《甘肃省河流泥沙公报2020》中描述河流泥沙的主要物理量及其定义如下：

流量：单位时间内通过某一过水断面的水量（单位：立方米/秒）。

径流量：一定时段内通过河流某一断面的水量（单位：亿立方米）。

输沙量：一定时段内通过河流某一断面的泥沙质量（单位：万吨）。

含沙量：单位体积水沙混合物中的泥沙质量（单位：千克/立方米）。

输沙模数：单位时间单位流域面积产生的输沙量[单位：吨/（年·平方千米）]。

4.河流泥沙测验按相关技术规范施测。一般采用断面取样法配合流量测验推算断面单位时间内悬移质的输沙量，并根据水、沙过程推算日、月、年等的输沙量。河床的冲淤变化一般采用断面法测量。

5.《甘肃省河流泥沙公报2020》中的多年均值为1950—2020年泥沙实测值的均值，若泥沙始测年份晚于1950年，则取始测年份至2020年均值；近10年均值为2011—2020年实测均值。径流量与输沙量的年内变化采用甘肃省汛期（4~9月）值占年总值的百分比进行分析。

6.《甘肃省河流泥沙公报2020》中所涉及的测站高程基面除九条岭、折桥（二）、谈家庄站为黄海基面，红崖子、红旗站为大沽基面，靖远站为浙江坎门中潮位基面，武都（二）站为吴淞基面，昌马堡、莺落峡、镡家坝（二）站为假定基面外，其余各站均为1985国家高程基准。

目 录

综述 ··· 1
一、主要河流重要水文控制站水沙特征 ··· 2
二、径流量与输沙量 ··· 3
 （一）内陆河流域 ··· 3
  1. 年径流与输沙量 ··· 3
  2. 水沙特征值 ·· 5
  3. 径流量与输沙量的年内分配 ·· 5
 （二）黄河流域 ·· 6
  1. 黄河干流水系 ·· 6
  2. 湟水水系 ·· 10
  3. 洮河水系 ·· 12
  4. 渭河水系 ·· 15
  5. 泾河水系 ·· 19
 （三）长江流域 ··· 23
  1. 年径流与输沙量 ·· 23
  2. 水沙特征值 ··· 25
  3. 径流量与输沙量的年内分配 ··· 26
三、代表站控制断面冲淤变化 ·· 27
 （一）内陆河 ··· 27
 （二）黄河流域 ·· 28
  1. 黄河干流 ·· 28
  2. 渭河 ·· 30
  3. 泾河 ·· 31
 （三）长江流域 ·· 31
  1. 嘉陵江干流控制站 ··· 31
  2. 支流控制站 ··· 31

综　述

《甘肃省河流泥沙公报 2020》的编写范围包括甘肃省内陆河、黄河和长江流域的 9 个水系（疏勒河、黑河、石羊河，黄河干流、湟水、洮河、渭河、泾河、嘉陵江）的 27 条河流。公报客观真实地反映了 2020 年 34 个水文站的实测年径流量、输沙量及其年内变化和水沙特征值，以及部分水文站测验断面冲淤变化情况。

2020 年，10 个主要河流水文控制站的年径流量、输沙量及其年内变化和水沙特征值情况：内陆河流域昌马河昌马堡站、黑河莺落峡站为丰水少沙年，西营河九条岭站为丰水多沙年；黄河流域黄河干流兰州站、湟水民和（三）站、洮河红旗站、渭河北道站、泾河杨家坪（二）站为丰水少沙年，大通河享堂（三）站为平水少沙年；长江流域白龙江武都（二）站为丰水多沙年。

经对 19 个主要水文控制站 2020 年与历史年份和上年度测验断面套绘分析：与历史年份相比，除黑河莺落峡站、西营河九条岭站、嘉陵江谈家庄站测验断面基本稳定或发生较小冲淤变化外，其余 10 站发生较大冲淤变化；与上年度相比，除昌马河昌马堡站、大夏河折桥（二）站、西汉水镡家坝（二）站发生冲淤变化外，其余 14 站测验断面基本稳定。

一、主要河流重要水文控制站水沙特征

经对甘肃省三大流域 10 条主要河流水文控制站径流量、输沙量进行分析，2020 年，主要水文控制站合计径流量 760.5 亿立方米，较多年平均值 491.4 亿立方米偏大 55%，较近 10 年平均值 537.2 亿立方米偏大 42%；合计输沙量 8810 万吨，较多年平均值 26 400 万吨偏小 67%，较近 10 年平均值 7270 万吨偏大 21%。具体数据详见表 1-1。

表 1-1 2020 年甘肃省主要河流水文控制站实测年径流量、输沙量统计表

河流	代表水文站	控制流域面积（平方千米）	年径流量（亿立方米）			年输沙量（万吨）			2020年水平年
			多年平均	近10年平均	2020年	多年平均	近10年平均	2020年	
昌马河	昌马堡	10 961	10.29	14.40	12.25	348	416	121	丰水少沙
黑河	莺落峡	10 009	16.71	20.68	19.83	193	106	42.4	丰水少沙
西营河	九条岭	1077	3.215	3.395	3.723	11.9	19.0	21.5	丰水多沙
黄河	兰州	22 2551	314.1	348.5	504.5	6100	2390	1520	丰水少沙
湟水	民和(三)	15 342	16.53	19.14	26.07	1280	335	182	丰水少沙
大通河	享堂(三)	15 126	27.53	25.89	28.23	255	91.4	12.6	平水少沙
洮河	红旗	24 973	45.41	45.93	68.35	2040	513	454	丰水少沙
渭河	北道	24 871	10.85	9.604	18.97	9160	1830	3140	丰水少沙
泾河	杨家坪(二)	14 124	6.546	5.439	8.046	5750	584	551	丰水少沙
白龙江	武都(二)	14 288	40.18	44.20	70.58	1230	985	2760	丰水多沙
合计		353 322	491.4	537.2	760.5	26 400	7270	8810	丰水少沙

二、径流量与输沙量

公报选用三大流域的 34 个主要水文控制站进行径流量与输沙量统计分析,其中内陆河流域 5 个,黄河流域 23 个(含黄委水文局 10 个),长江流域 6 个。

(一)内陆河流域

1. 径流量与输沙量

经对 2020 年内陆河流域疏勒河、黑河、石羊河水系主要水文控制站实测径流量、输沙量,以及与多年平均值、近 10 年平均值、上年值统计比较,疏勒河、黑河水系各河流控制断面均为丰水少沙年,石羊河水系主要河流控制断面为丰水多沙年。主要水文控制站年径流量与输沙量情况见表 2-1、图 2-1。

表 2-1 2020 年内陆河流域主要水文控制站实测年径流量与输沙量统计表

水　系		疏勒河		黑河		石羊河
河　流		昌马河	党河	黑河	黑河	西营河
水文控制站		昌马堡	党城湾(二)	莺落峡	正义峡	九条岭
控制流域面积(平方千米)		10 961	14 325	10 009	35 634	1077
年径流量 (亿立方米)	多年平均	10.29 (1956—2020)	3.734 (1972—2020)	16.71 (1955—2020)	10.57 (1963—2020)	3.215 (1975—2020)
	近10年平均	14.40	4.174	20.68	13.23	3.395
	2019年	16.91	5.057	20.64	13.63	4.416
	2020年	12.25	4.091	19.83	13.15	3.723
	与多年平均值比较(%)	19	10	19	24	16
	与近10年平均值比较(%)	−15	−2	−4	−1	10
	与2019年值比较(%)	−28	−19	−4	−4	−16
年输沙量 (万吨)	多年平均	348 (1956—2020)	73.0 (1972—2020)	193 (1955—2020)	138 (1963—2020)	11.9 (1975—2020)
	近10年平均	416	62.3	106	98.4	19.0
	2019年	213	62.5	36.8	124	51.3
	2020年	121	20.8	42.4	46.8	21.5
	与多年平均值比较(%)	−65	−72	−78	−66	81
	与近10年平均值比较(%)	−71	−67	−60	−52	13
	与2019年值比较(%)	−43	−67	15	−62	−58

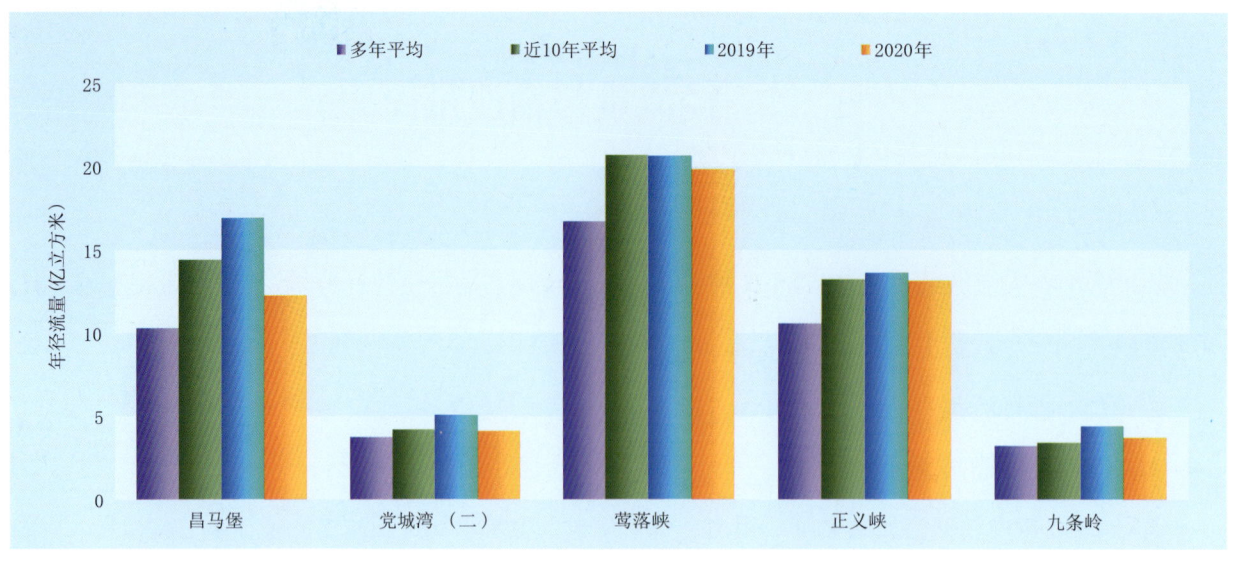

(a) 实测年径流量

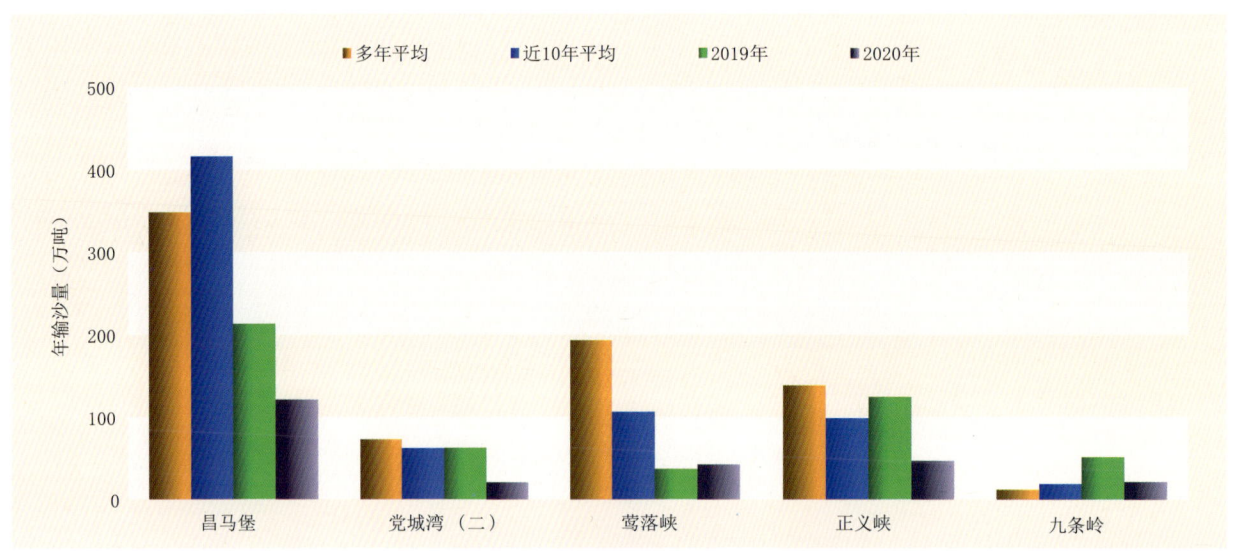

(b) 实测年输沙量

图 2-1 2020 年内陆河流域主要水文控制站径流量与输沙量对比

疏勒河水系昌马河昌马堡站 2020 年径流量 12.25 亿立方米，较多年平均值偏大 19%，较近 10 年平均值偏小 15%，比上年值减小 28%；年输沙量 121 万吨，较多年平均值偏小 65%，较近 10 年平均值偏小 71%，比上年值减小 43%。党河党城湾(二)站 2020 年径流量 4.091 亿立方米，较多年平均值偏大 10%，较近 10 年平均值偏小 2%，比上年值减小 19%；年输沙量 20.8 万吨，较多年平均值偏小 72%，较近 10 年平均值偏小 67%，比上年值减小 67%。

黑河水系黑河干流莺落峡站 2020 年径流量 19.83 亿立方米，较多年平均值偏大 19%，较近 10 年平均值偏小 4%，比上年值减小 4%；年输沙量 42.4 万吨，较多年平均值偏小 78%，较近 10 年平均值偏小 60%，比上年值增大 15%。正义峡站 2020 年径流量 13.15 亿立方米，较多年平均值偏大 24%，较近 10 年平均值偏小 1%，比上年值减小 4%；年输沙量 46.8 万吨，较多年平均值偏小 66%，较近 10 年平均值偏小 52%，比上年值减小 62%。

石羊河水系西营河九条岭站 2020 年径流量 3.723 亿立方米，较多年平均值偏大 16%，较近 10 年平均值偏大 10%，比上年值减小 16%；年输沙量 21.5 万吨，较多年平均值偏大 81%，较近 10 年平均值偏大 13%，比上年值减小 58%。

2. 水沙特征值

内陆河流域主要水文控制站 2020 年平均含沙量、输沙模数，除西营河九条岭站较多年平均值偏大外，其余 4 站均偏小。具体数值见表 2-2。

表 2-2　2020 年内陆河流域主要水文控制站水沙特征值统计表

水　系		疏勒河		黑　河		石羊河
河　流		昌马河	党　河	黑　河	黑　河	西营河
水文控制站		昌马堡	党城湾(二)	莺落峡	正义峡	九条岭
年最大流量(立方米/秒)		362	32.4	353	179	72.7
出现时间(月、日)		7月1日	7月25日	7月17日	8月25日	6月21日
年平均含沙量（千克/立方米）	多年平均	3.38 (1956—2020)	1.96 (1972—2020)	1.15 (1955—2020)	1.31 (1963—2020)	0.370 (1975—2020)
	2019年	1.26	1.24	0.178	0.910	1.16
	2020年	0.988	0.508	0.214	0.356	0.577
年最大断面平均含沙量（千克/立方米）		7.73	5.12	36.2	2.64	9.82
出现时间(月、日)		7月1日	4月15日	7月3日	8月25日	5月3日
输沙模数[吨/(年·平方千米)]	多年平均	317 (1956—2020)	51.0 (1972—2020)	193 (1955—2020)	38.7 (1963—2020)	110 (1975—2020)
	2019年	194	43.6	36.8	34.8	476
	2020年	110	14.5	42.4	13.1	200

3. 径流量与输沙量的年内分配

经对 2020 年内陆河流域疏勒河、黑河、石羊河水系主要水文控制站逐月实测径流量、输沙量统计，疏勒河水系昌马堡站 4～9 月径流量占年径流量的 74%，输沙量占年输沙量的 100%；黑河水系莺落峡、正义峡站 4～9 月径流量占年径流量的 74%、51%，输沙量占年输沙量的 100%、65%；石羊河水系九条岭站 4～9 月径流量占年径流量的 76%，输沙量占年输沙量的 100%。主要水文控制站逐月径流量与输沙量分配见图 2-2。

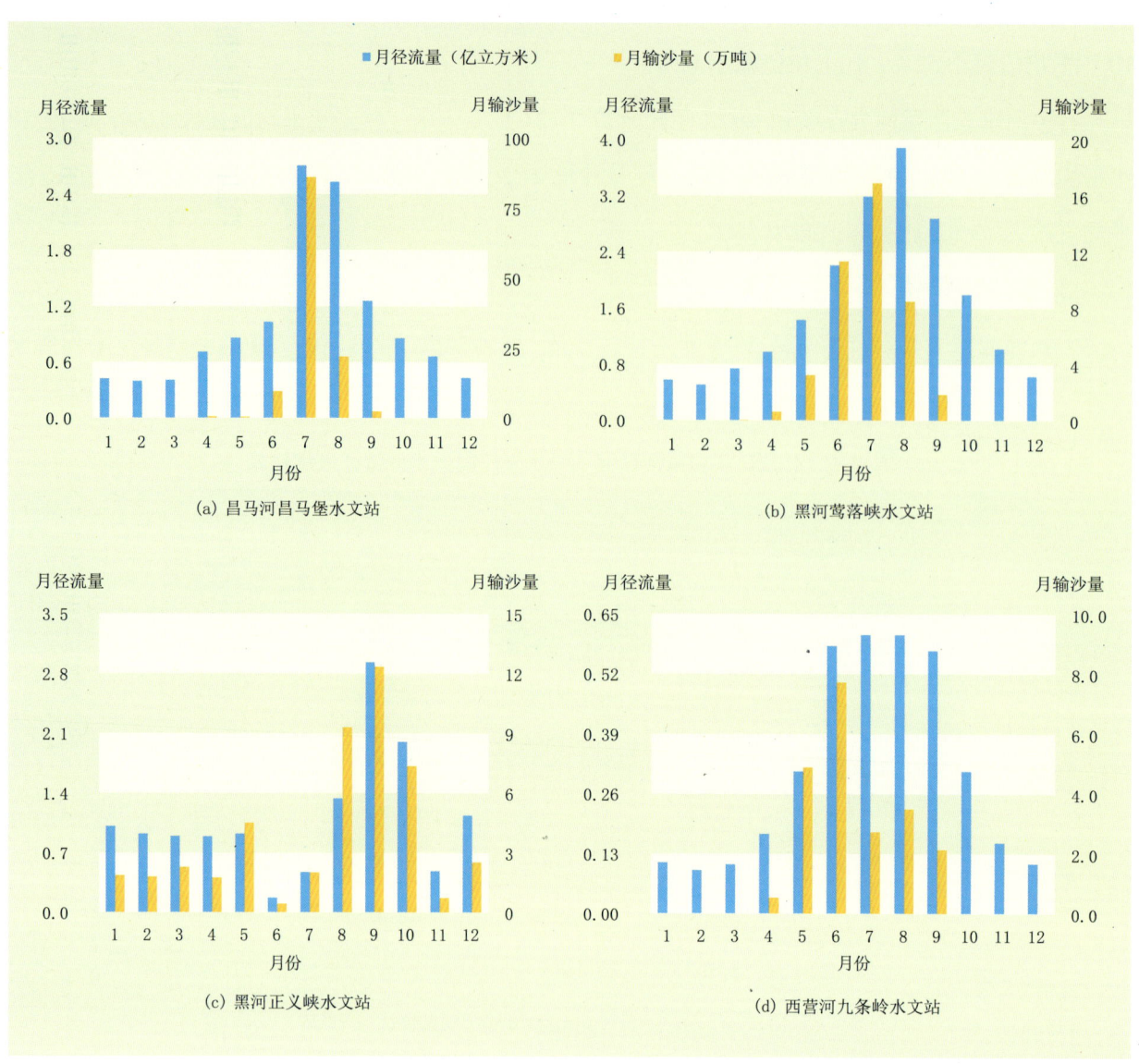

图 2-2　2020 年内陆河流域主要水文控制站逐月径流量与输沙量对照

（二）黄河流域

2020 年黄河流域黄河干流、湟水、洮河、渭河、泾河水系主要河流均为丰水少沙年。

1. 黄河干流水系

(1) 径流与输沙量

经对 2020 年黄河干流水系主要水文控制站实测径流量、输沙量，以及与多年平均值、近 10 年平均值、上年值统计比较，各河流控制断面均为丰水少沙年。主要水文控制站年径流量与输沙量情况见表 2-3、图 2-3。

表 2-3　2020 年黄河干流水系主要水文控制站实测年径流量与输沙量统计表

河流		干流		支流		
				大夏河	庄浪河	祖厉河
水文控制站		兰州	安宁渡(二)	折桥(二)	红崖子	靖远
控制流域面积(平方千米)		222 551	241 538	6808	4007	10647
年径流量(亿立方米)	多年平均	314.1 (1950—2020)	310.1 (1954—2020)	8.877 (1963—2020)	1.397 (1968—2020)	1.046 (1955—2020)
	近10年平均	348.5	352.8	9.241	2.726	0.680 7
	2019年	477.3	480.4	10.96	4.008	0.825 1
	2020年	504.5	506.8	12.58	2.347	1.009
	与多年平均值比较(%)	61	63	42	68	-4
	与近10年平均值比较(%)	45	44	36	-14	48
	与2019年值比较(%)	6	5	15	-41	22
年输沙量(万吨)	多年平均	6100 (1950—2020)	10 900 (1954—2020)	241 (1963—2020)	158 (1968—2020)	4060 (1955—2020)
	近10年平均	2390	3670	145	162	803
	2019年	2100	3050	117	136	380
	2020年	1520	2820	131	24.3	435
	与多年平均值比较(%)	-75	-74	-46	-85	-89
	与近10年平均值比较(%)	-36	-23	-10	-85	-46
	与2019年值比较(%)	-28	-8	12	-82	14

黄河干流水系兰州站 2020 年径流量 504.5 亿立方米，较多年平均值偏大 61%，较近 10 年平均值偏大 45%，比上年值增大 6%；年输沙量 1520 万吨，较多年平均值偏小 75%，较近 10 年平均值偏小 36%，比上年值减小 28%。安宁渡(二)站 2020 年径流量 506.8 亿立方米，较多年平均值偏大 63%，较近 10 年平均值偏大 44%，比上年值增大 5%；年输沙量 2820 万吨，较多年平均值偏小 74%，较近 10 年平均值偏小 23%，比上年值减小 8%。各支流具体情况见表 2-3、图 2-3。

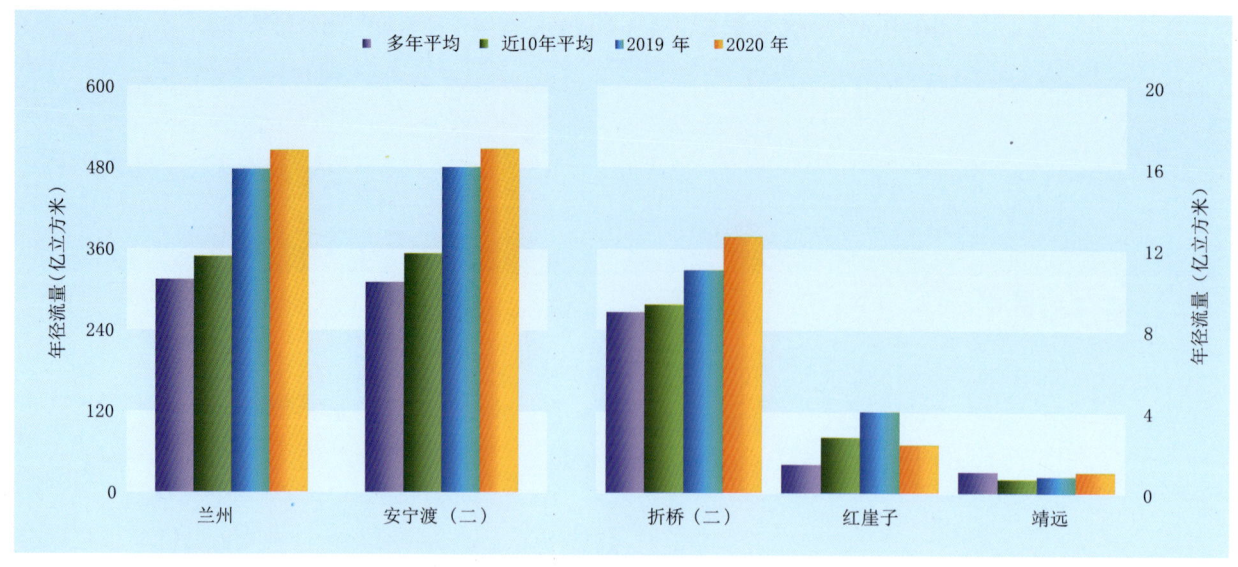

(a) 实测年径流量

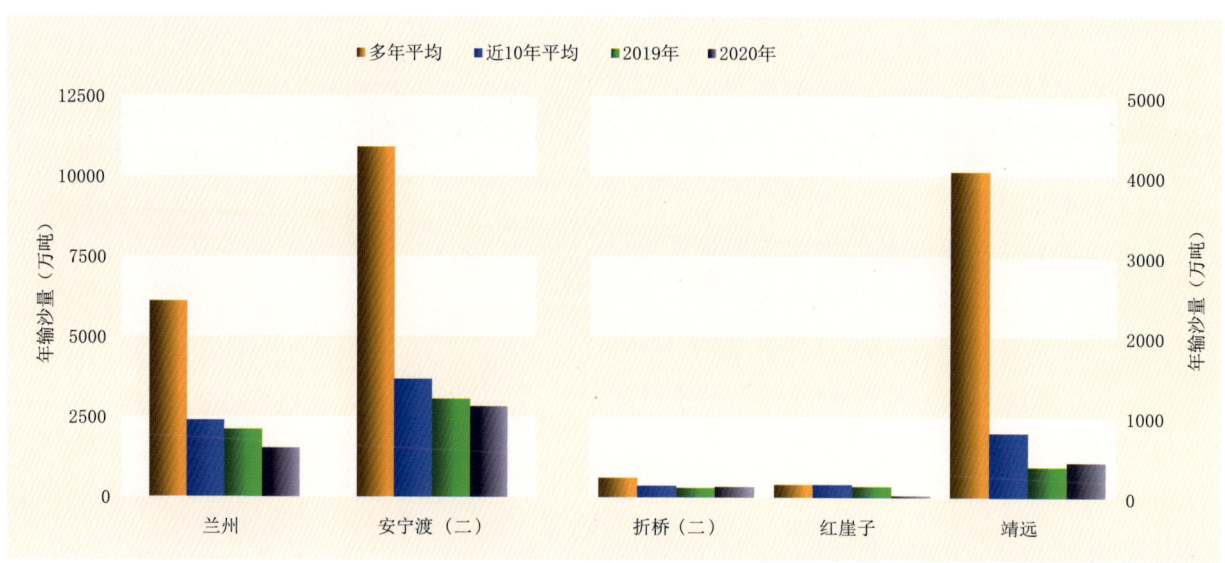

(b) 实测年输沙量

图 2-3 2020 年黄河干流水系主要水文控制站径流量与输沙量对比

(2) 水沙特征值

黄河干流水系主要水文控制站 2020 年平均含沙量、输沙模数较多年平均值均偏小。具体数值见表 2-4。

(3) 径流量与输沙量的年内分配

经对 2020 年黄河干流水系主要水文控制站逐月实测径流量、输沙量统计，黄河干流兰州站 4~9 月径流量占年径流量的 66%，输沙量占年输沙量的 93%。主要支流大夏河折桥（二）站、庄浪河红崖子站、祖厉河靖远站 4~9 月径流量分别占年径流量的 67%、49%、65%，输沙量分别占年输沙量的 86%、93%、94%。主要水文控制站逐月径流量与输沙量分配见图 2-4。

表 2-4　2020 年黄河干流水系主要控制水文站水沙特征值统计表

河流		干流		支流		
		黄河	黄河	大夏河	庄浪河	祖厉河
水文控制站		兰州	安宁渡(二)	折桥(二)	红崖子	靖远
年最大流量(立方米/秒)		3640	3700	223	33.8	37.8
出现时间(月、日)		8月21日	8月21日	6月16日	7月11日	8月18日
年平均含沙量 (千克/立方米)	多年平均	1.94 (1950—2020)	3.51 (1954—2020)	2.71 (1963—2020)	11.3 (1968—2020)	388 (1955—2020)
	2019年	0.440	0.635	1.07	3.39	46.1
	2020年	0.301	0.556	1.04	1.04	43.1
年最大断面平均含沙量 (千克/立方米)		43.2	84.7	37.3	96.5	907
出现时间(月、日)		8月6日	8月4日	5月8日	7月12日	8月4日
输沙模数 [吨/(年· 平方千米)]	多年平均	274 (1950—2020)	451 (1954—2020)	354 (1963—2020)	394 (1968—2020)	3810 (1955—2020)
	2019年	94.4	126	172	339	357
	2020年	68.3	117	192	60.6	409

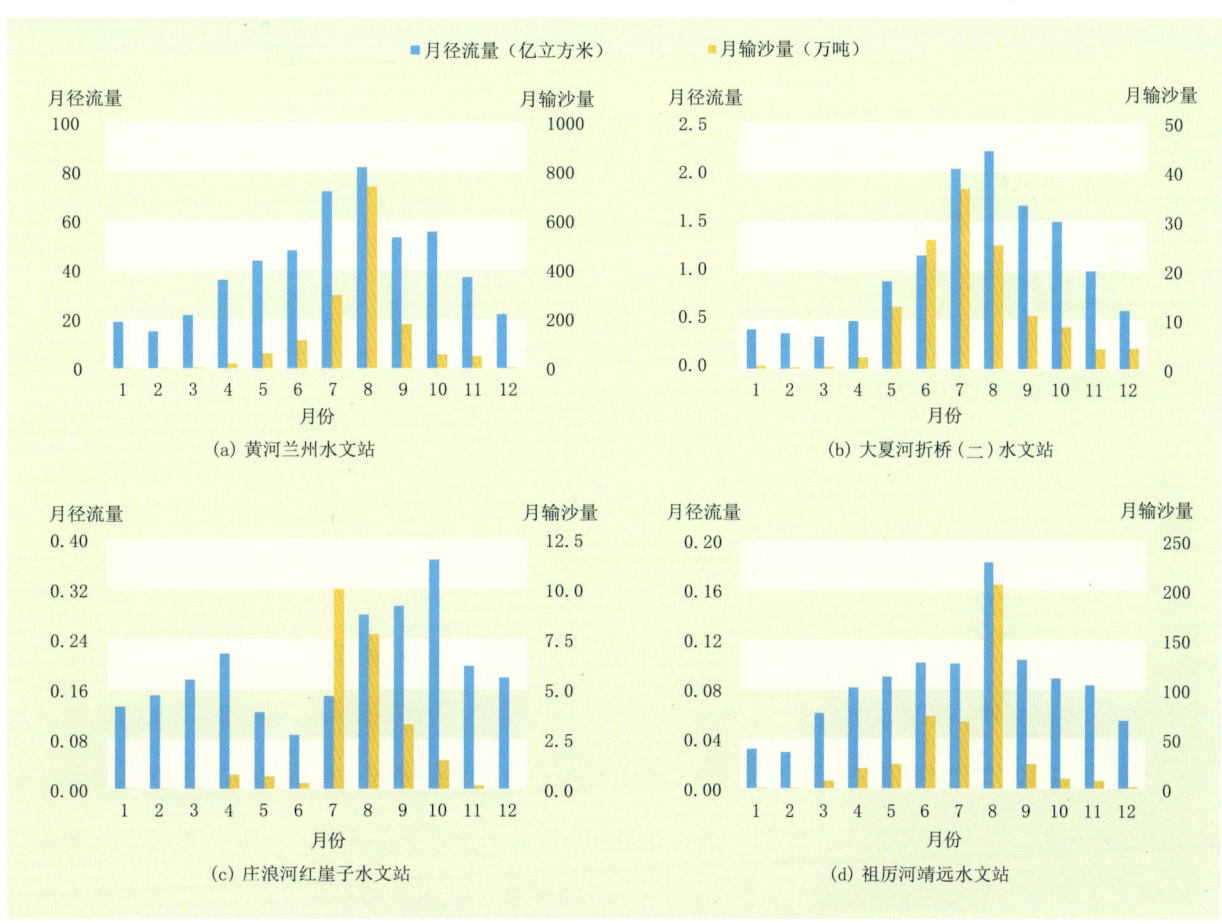

图 2-4　2020 年黄河干流水系主要水文控制站逐月径流量与输沙量对照

2. 湟水水系

(1)径流量与输沙量

经对2020年湟水水系主要水文控制站实测径流量、输沙量,以及与多年平均值、近10年平均值、上年值统计比较,湟水民和(三)控制断面为丰水少沙年,支流大通河享堂(三)控制断面为平水少沙年。主要水文控制站年径流量与输沙量情况见表2-5、图2-5。具体情况如下:

湟水水系湟水民和(三)站2020年径流量26.07亿立方米,较多年平均值偏大58%,较近10年平均值偏大36%,比上年值增大1%;年输沙量182万吨,较多年平均值偏小86%,较近10年平均值偏小46%,比上年值减小13%。

大通河享堂(三)站2020年径流量28.23亿立方米,较多年平均值偏大3%,较近10年平均值偏大9%,比上年值减小6%;年输沙量12.6万吨,较多年平均值偏小95%,较近10年平均值偏小86%,比上年值减小57%。

表2-5 2020年湟水水系主要水文控制站实测年径流量与输沙量统计表

河流		湟 水	大 通 河
水文控制站		民和(三)	享堂(三)
控制流域面积(平方千米)		15 342	15 126
年径流量 (亿立方米)	多年平均	16.53 (1951—2020)	27.53 (1953—2020)
	近10年平均	19.14	25.89
	2019年	25.82	30.07
	2020年	26.07	28.23
	与多年平均值比较(%)	58	3
	与近10年平均值比较(%)	36	9
	与2019年值比较(%)	1	-6
年输沙量 (万吨)	多年平均	1280 (1951—2020)	255 (1953—2020)
	近10年平均	335	91.4
	2019年	208	29.6
	2020年	182	12.6
	与多年平均值比较(%)	-86	-95
	与近10年平均值比较(%)	-46	-86
	与2019年值比较(%)	-13	-57

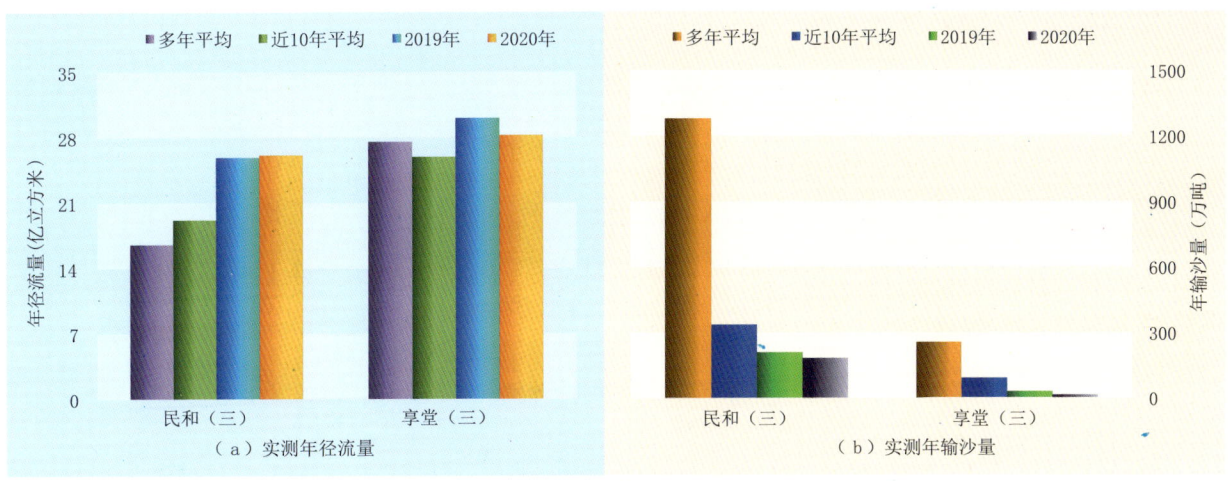

图 2-5　2020 年湟水水系主要水文控制站径流量与输沙量对比

(2)水沙特征值

湟水水系主要水文控制站 2020 年平均含沙量、输沙模数较多年平均值均偏小。具体数值见表 2-6。

表 2-6　2020 年湟水水系主要水文控制站水沙特征值统计表

河流		湟水	大通河
水文控制站		民和(三)	享堂(三)
年最大流量(立方米/秒)		455	596
出现时间(月、日)		8月29日	8月27日
年平均含沙量 (千克/立方米)	多年平均	7.74 (1951—2020)	0.926 (1953—2020)
	2019年	0.806	0.098
	2020年	0.698	0.045
年最大断面平均含沙量(千克/立方米)		37.1	5.17
出现时间(月、日)		8月22日	10月28日
输沙模数 [吨/(年·平方千米)]	多年平均	834 (1951—2020)	169 (1953—2020)
	2019年	136	19.6
	2020年	119	8.33

(3)径流量与输沙量的年内分配

经对 2020 年湟水水系主要水文控制站逐月实测径流量、输沙量统计,民和(三)、享堂(三)站4~9月径流量分别占年径流量的 59%、59%,输沙量分别占年输沙量 91%、60%。主要水文控制站逐月径流量与输沙量分配见图 2-6。

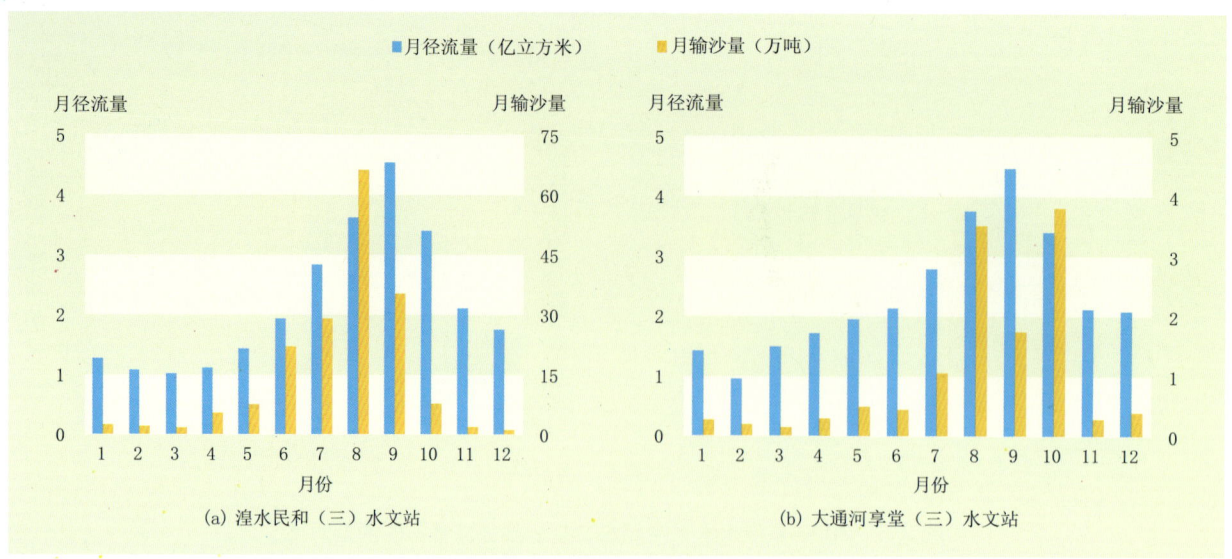

图 2-6 2020年湟水水系主要水文控制站逐月径流量与输沙量对照

3. 洮河水系

(1) 径流量与输沙量

经对2020年洮河水系主要水文控制站实测径流量、输沙量,以及与多年平均值、近10年平均值、上年值统计比较,各河流控制断面均为丰水年,洮河干流碌曲、岷县(四)、冶木河冶力关(二)、苏集河康乐(二)控制断面为多沙年,其余各河流控制断面均为少沙年。主要水文控制站年径流量与输沙量情况见表2-7、图2-7。

表2-7 2020年洮河水系主要水文控制站实测年径流量与输沙量统计表

河流	干流				支流			
					冶木河	苏集河	东峪沟	广通河
水文控制站	碌曲	岷县(四)	李家村(四)	红旗	冶力关(二)	康乐(二)	临洮(三)	三甲集(四)
控制流域面积(平方千米)	5043	14 108	19 693	24 973	1186	330	582	1526
年径流量(亿立方米) 多年平均	10.17 (1981—2020)	32.62 (1958—2020)	39.66 (1956—2020)	45.41 (1955—2020)	1.854 (1983—2020)	0.443 8 (1981—2020)	0.259 3 (1967—2020)	2.750 (1967—2020)
近10年平均	11.57	30.35	38.30	45.93	1.869	0.536 6	0.298 9	3.022
2019年	14.54	35.99	43.82	52.09	1.854	0.473 7	0.413 8	3.032
2020年	20.23	47.32	60.12	68.35	2.409	0.827 9	0.550 0	5.300
与多年平均值比较(%)	99	45	52	51	30	87	112	93
与近10年平均值比较(%)	75	56	57	49	29	54	84	75
与2019年值比较(%)	39	31	37	31	30	75	33	75
年输沙量(万吨) 多年平均	17.3 (1981—2020)	201 (1958—2020)	420 (1956—2020)	2 040 (1955—2020)	7.05 (1983—2020)	10.6 (1981—2020)	244 (1967—2020)	222 (1967—2020)
近10年平均	20.1	92.6	36.8	513	5.27	12.8	40.8	95.3

续表 2-7

河　流	干　流				支　流			
					冶木河	苏集河	东峪沟	广通河
水文控制站	碌曲	岷县(四)	李家村(四)	红旗	冶力关(二)	康乐(二)	临洮(三)	三甲集(四)
2019年	16.6	65.2	11.8	365	5.23	5.69	16.6	21.3
2020年	39.8	280	69.2	454	7.77	11.3	21.8	36.6
与多年平均值比较(%)	130	39	-84	-78	10	7	-91	-84
与近10年平均值比较(%)	98	202	88	-12	47	-12	-47	-62
与2019年值比较(%)	140	329	486	24	49	99	31	72

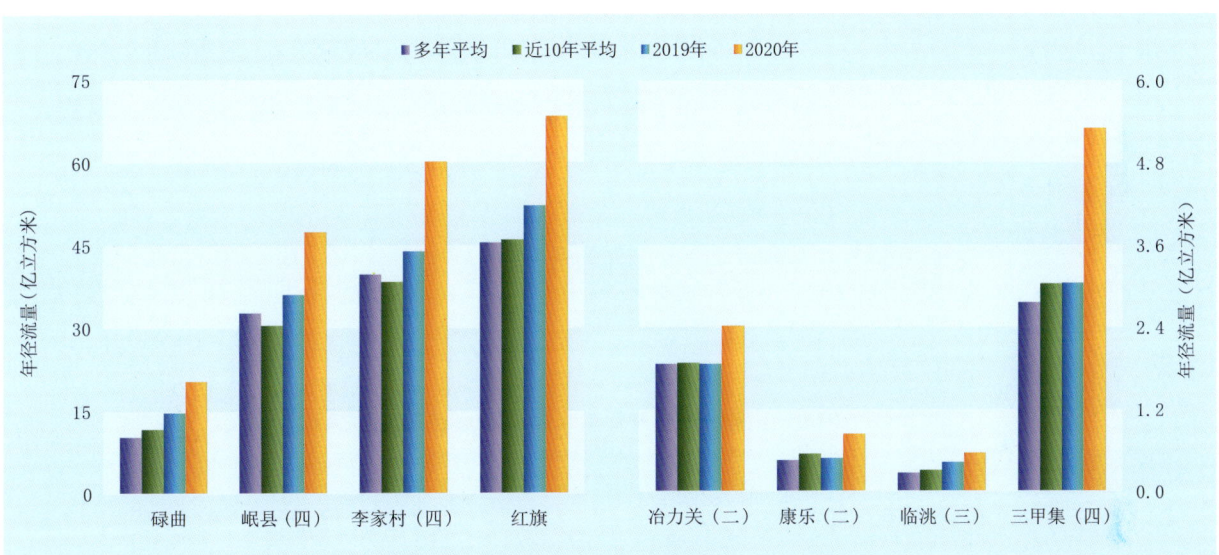

(a) 实测年径流量

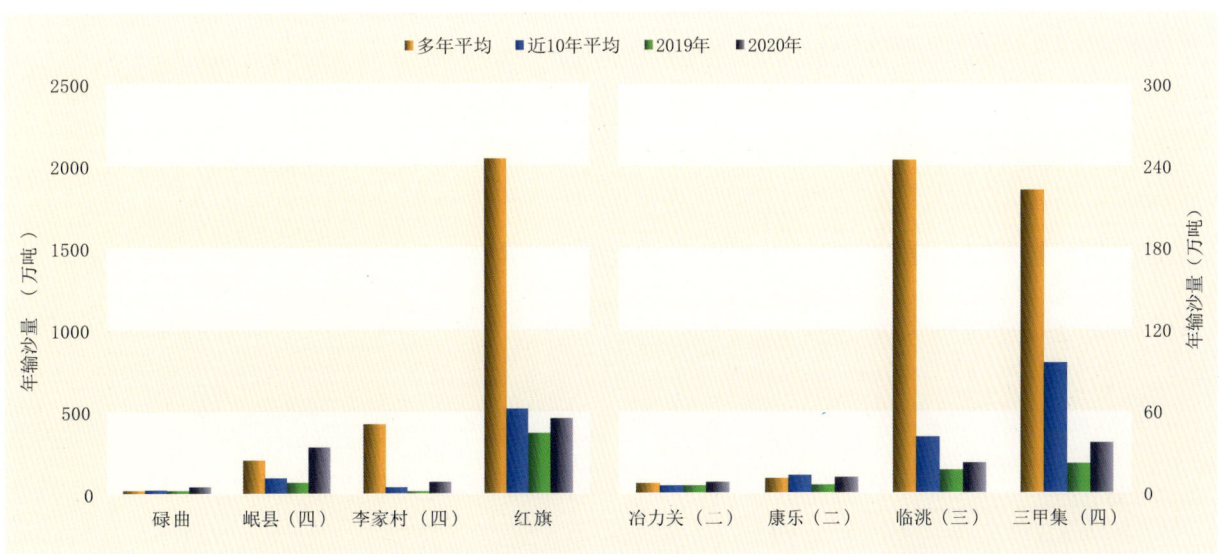

(b) 实测年输沙量

图 2-7　2020 年洮河水系主要水文控制站径流量与输沙量对比

洮河干流碌曲站 2020 年径流量 20.23 亿立方米，较多年平均值偏大 99%，较近 10 年平均值偏大 75%，比上年值增大 39%；年输沙量 39.8 万吨，较多年平均值偏大 130%，较近 10 年平均值偏大 98%，比上年值增大 140%。

洮河干流岷县(四)站 2020 年径流量 47.32 亿立方米，较多年平均值偏大 45%，较近 10 年平均值偏大 56%，比上年值增大 31%；年输沙量 280 万吨，较多年平均值偏大 39%，较近 10 年平均值偏大 202%，比上年值增大 329%。

洮河干流李家村(四)站 2020 年径流量 60.12 亿立方米，较多年平均值偏大 52%，较近 10 年平均值偏大 57%，比上年值增大 37%；年输沙量 69.2 万吨，较多年平均值偏小 84%，较近 10 年平均值偏大 88%，比上年值增大 486%。

洮河干流红旗站 2020 年径流量 68.35 亿立方米，较多年平均值偏大 51%，较近 10 年平均值偏大 49%，比上年值增大 31%；年输沙量 454 万吨，较多年平均值偏小 78%，较近 10 年平均值偏小 12%，比上年值增大 24%。

(2) 水沙特征值

洮河水系主要水文控制站 2020 年输沙模数较多年平均值除碌曲、岷县(四)、冶力关(二)、康乐(二)站偏大外，其余站均偏小。具体数值见表 2-8。

表 2-8 2020 年洮河水系主要水文控制站水沙特征值统计表

河流	干流				支流			
					冶木河	苏集河	东峪沟	广通河
水文控制站	碌曲	岷县(四)	李家村(四)	红旗	冶力关(二)	康乐(二)	临洮(三)	三甲集(四)
年最大流量(立方米/秒)	206	688	838	939	88.3	39.8	18.2	90.2
出现时间(月、日)	7月25日	8月19日	8月18日	8月18日	8月17日	7月18日	8月17日	7月18日
年平均含沙量(千克/立方米) 多年平均	0.170 (1981—2020)	0.616 (1958—2020)	1.06 (1956—2020)	4.49 (1955—2020)	0.380 (1983—2020)	2.39 (1981—2020)	94.1 (1967—2020)	8.07 (1967—2020)
年平均含沙量 2019年	0.114	0.181	0.027	0.701	0.282	1.20	4.01	0.703
年平均含沙量 2020年	0.197	0.592	0.115	0.664	0.323	1.36	3.96	0.691
年最大断面平均含沙量(千克/立方米)	2.73	4.89	3.13	15.0	2.74	18.5	106	20.2
出现时间(月、日)	6月16日	6月26日	6月26日	7月18日	8月17日	7月18日	8月17日	7月18日
输沙模数[吨/(年·平方千米)] 多年平均	34.3 (1981—2020)	142 (1958—2020)	213 (1956—2020)	817 (1955—2020)	59.4 (1983—2020)	321 (1981—2020)	4190 (1967—2020)	1450 (1967—2020)
输沙模数 2019年	32.9	46.2	5.99	146	44.1	172	285	140
输沙模数 2020年	78.9	198	35.1	182	65.5	342	375	240

(3) 径流量与输沙量的年内分配

经对2020年洮河水系主要水文控制站逐月实测径流量、输沙量统计，碌曲、岷县(四)、李家村(四)、红旗站2020年4~9月径流量分别占年径流量的63%、68%、67%、66%，输沙量分别占年输沙量的89%、95%、100%、91%。主要水文控制站逐月径流量与输沙量分配见图2-8。

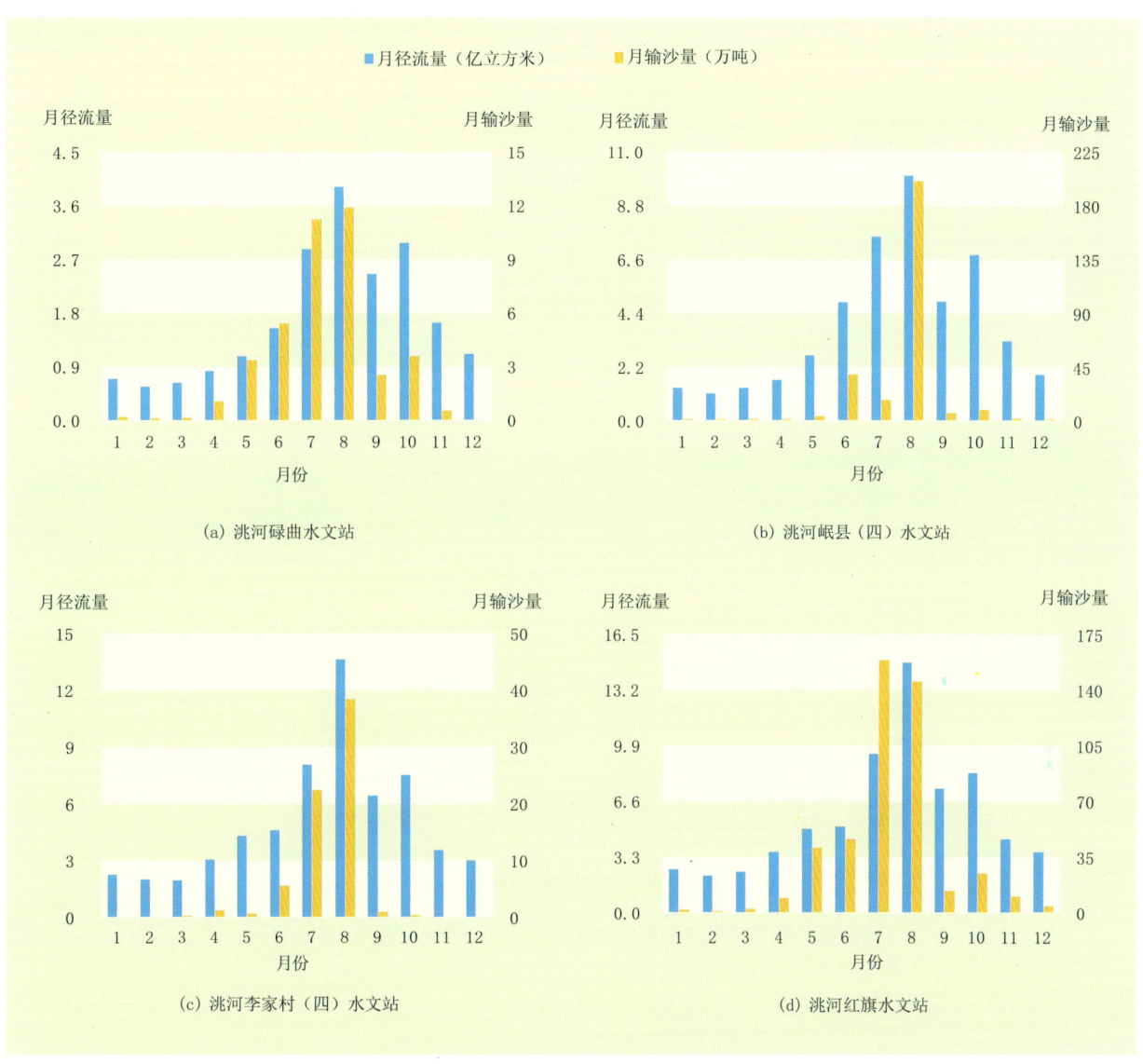

图2-8 2020年洮河水系主要水文控制站逐月径流量与输沙量对照

4. 渭河水系

(1) 径流量与输沙量

经对2020年渭河水系主要水文控制站实测径流量、输沙量，以及与多年平均值、近10年平均值、上年值统计比较，各河流控制断面除散渡河甘谷(三)站为枯水少沙年外，其余均为丰水少沙年。主要水文控制站年径流量与输沙量情况见表2-9、图2-9。

表 2-9　2020 年渭河水系主要水文控制站实测年径流量与输沙量统计表

河　流	渭河干流		渭河支流		
			散渡河	葫芦河	牛头河
水文控制站	武　山	北　道	甘谷(三)	秦　安	社　棠
控制流域面积(平方千米)	8080	24 871	2484	9805	1846
年径流量(亿立方米) 多年平均	5.583 (1954—2020)	10.85 (1953—2020)	0.479 2 (1959—2020)	2.796 (1957—2020)	1.410 (1959—2020)
近10年平均	5.813	9.604	0.201 7	2.188	1.464
2019年	5.607	9.099	0.249 3	3.352	1.499
2020年	12.42	18.97	0.377 7	4.751	2.473
与多年平均值比较(%)	122	75	−21	70	75
与近10年平均值比较(%)	114	98	87	117	69
与2019年值比较(%)	122	108	52	42	65
年输沙量(万吨) 多年平均	2160 (1954—2020)	9160 (1953—2020)	1410 (1959—2020)	3630 (1957—2020)	355 (1959—2020)
近10年平均	920	1830	322	376	125
2019年	314	1060	238	311	47.7
2020年	1430	3140	297	540	181
与多年平均值比较(%)	−34	−66	−79	−85	−49
与近10年平均值比较(%)	55	72	−8	44	45
与2019年值比较(%)	355	196	25	74	279

渭河干流武山站 2020 年径流量 12.42 亿立方米，较多年平均值偏大 122%，较近 10 年平均值偏大 114%，比上年值增大 122%；年输沙量 1430 万吨，较多年平均值偏小 34%，较近 10 年平均值偏大 55%，比上年值增大 355%。

渭河干流北道站 2020 年径流量 18.97 亿立方米，较多年平均值偏大 75%，较近 10 年平均值偏大 98%，比上年值增大 108%；年输沙量 3140 万吨，较多年平均值偏小 66%，较近 10 年平均值偏大 72%，比上年值增大 196%。

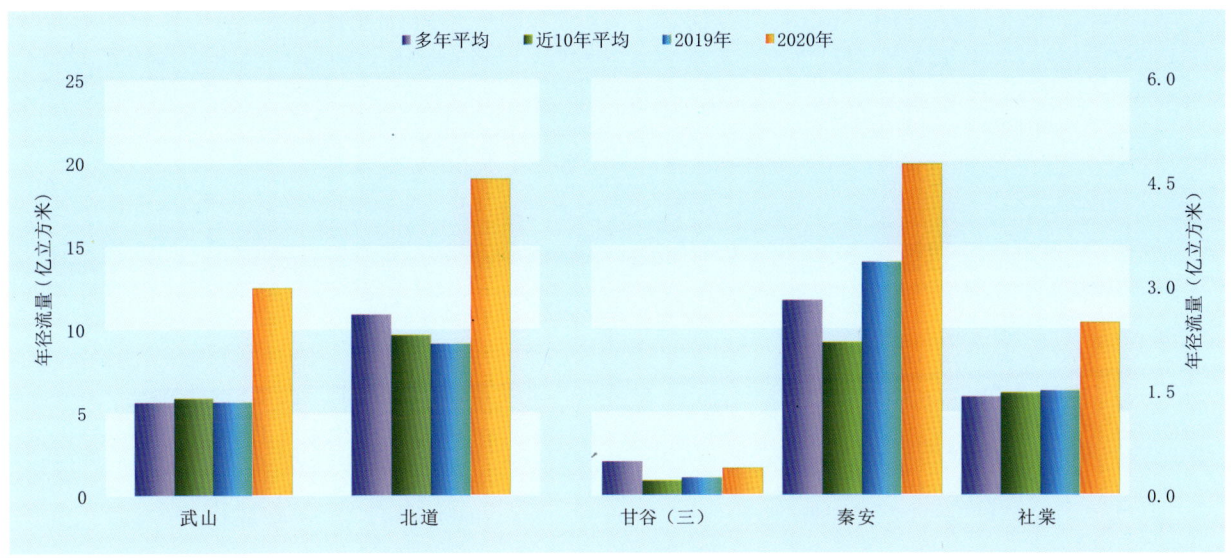

(a) 实测年径流量

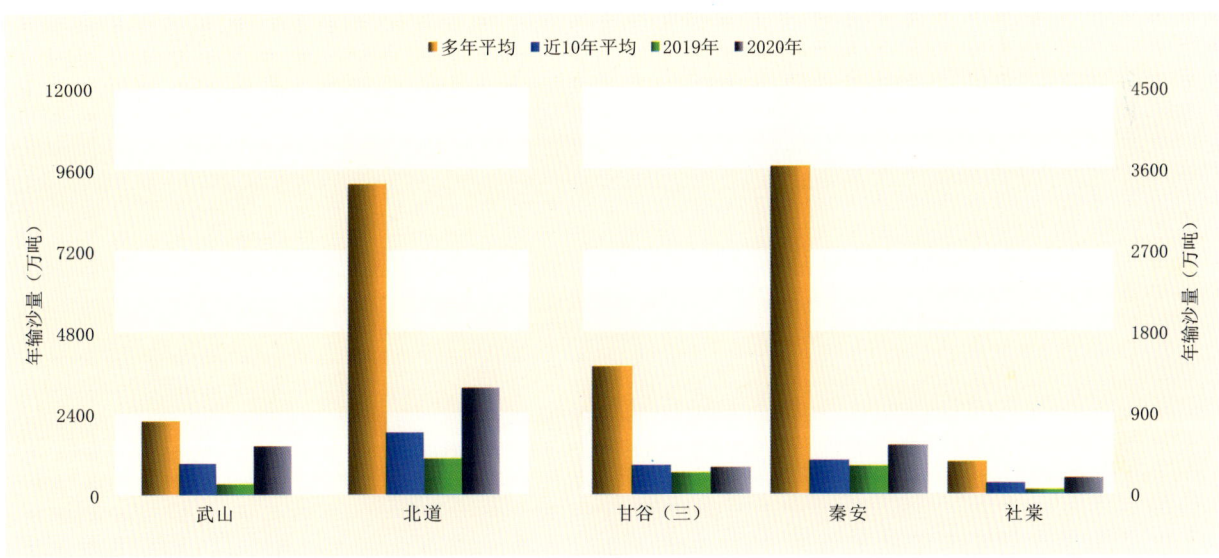

(b) 实测年输沙量

图 2-9 2020 年渭河水系主要水文控制站径流量与输沙量对比

(2) 水沙特征值

渭河水系主要水文控制站 2020 年平均含沙量、输沙模数较多年平均值均偏小。具体数值见表 2-10。

表2-10　2020年渭河水系主要水文控制站水沙特征值统计表

河流		干流		支流		
				散渡河	葫芦河	牛头河
水文控制站		武山	北道	甘谷(三)	秦安	社棠
年最大流量(立方米/秒)		702	1120	91.0	276	236
出现时间(月、日)		8月11日	8月18日	8月6日	5月31日	8月24日
年平均含沙量 (千克/立方米)	多年平均	38.7 (1954—2020)	84.4 (1953—2020)	294 (1959—2020)	130 (1957—2020)	25.2 (1959—2020)
	2019年	5.60	11.6	95.5	9.28	3.18
	2020年	11.5	16.6	78.6	11.4	7.32
年最大断面平均含沙量 (千克/立方米)		295	283	554	415	51.6
出现时间(月、日)		8月11日	8月12日	8月7日	5月31日	8月23日
输沙模数 [吨/(年·平方千米)]	多年平均	2670 (1954—2020)	3680 (1953—2020)	5680 (1959—2020)	3700 (1957—2020)	1920 (1959—2020)
	2019年	389	426	958	317	258
	2020年	1770	1260	1200	551	980

(3) 径流量与输沙量的年内分配

经对2020年渭河水系主要水文控制站逐月实测径流量、输沙量统计，渭河干流北道站2020年4~9月径流量占年径流量的69%，输沙量占年输沙量的97%。渭河支流散渡河甘谷(三)站、葫芦河秦安站、牛头河社棠站2020年4~9月径流量分别占年径流量的72%、66%、73%，输沙量分别占年输沙量的98%、96%、95%。

主要水文控制站逐月径流量与输沙量分配见图2-10。

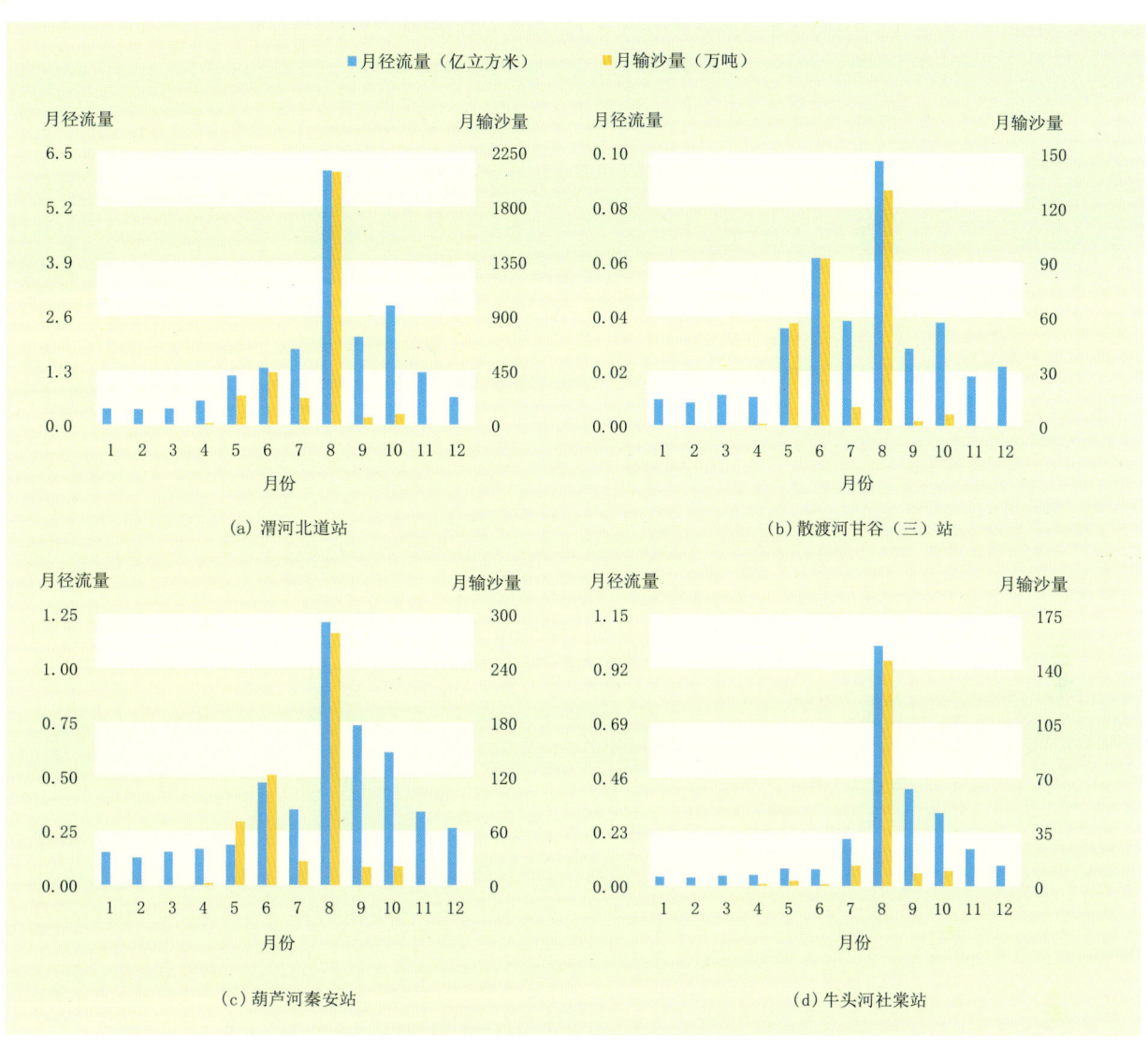

图 2-10 2020 年渭河水系主要水文控制站逐月径流量与输沙量对照

5. 泾河水系

(1) 径流量与输沙量

经对 2020 年泾河水系主要水文控制站实测径流量、输沙量，以及与多年平均值、近 10 年平均值、上年值统计比较，各河流控制断面均为丰水少沙年。主要水文控制站年径流量与输沙量情况见表 2-11、图 2-11。

泾河水系泾河干流杨家坪(二)站 2020 年径流量 8.046 亿立方米，较多年平均值偏大 23%，较近 10 年平均值偏大 48%，比上年值增大 20%；年输沙量 551 万吨，较多年平均值偏小 90%，较近 10 年平均值偏大 24%，比上年值增大 65%。

表 2-11　2020 年泾河水系主要水文控制站实测年径流量与输沙量统计表

河　流		干　流	支　流	
			汭　河	茹　河
水文控制站		杨家坪(二)	安口(二)	开　边
控制流域面积(平方千米)		14 124	1129	2232
年径流量 (亿立方米)	多年平均	6.546 (1956—2020)	1.254 (1976—2020)	0.350 1 (1978—2020)
	近10年平均	5.439	1.521	0.176 9
	2019年	6.727	1.883	0.345 2
	2020年	8.046	2.106	0.383 8
	与多年平均值比较(%)	23	68	10
	与近10年平均值比较(%)	48	38	117
	与2019年值比较(%)	20	12	11
年输沙量 (万吨)	多年平均	5750 (1956—2020)	91.3 (1976—2020)	714 (1978—2020)
	近10年平均	444	68.2	28.1
	2019年	334	28.0	77.2
	2020年	551	22.0	14.9
	与多年平均值比较(%)	−90	−76	−98
	与近10年平均值比较(%)	24	−68	−47
	与2019年值比较(%)	65	−21	−81

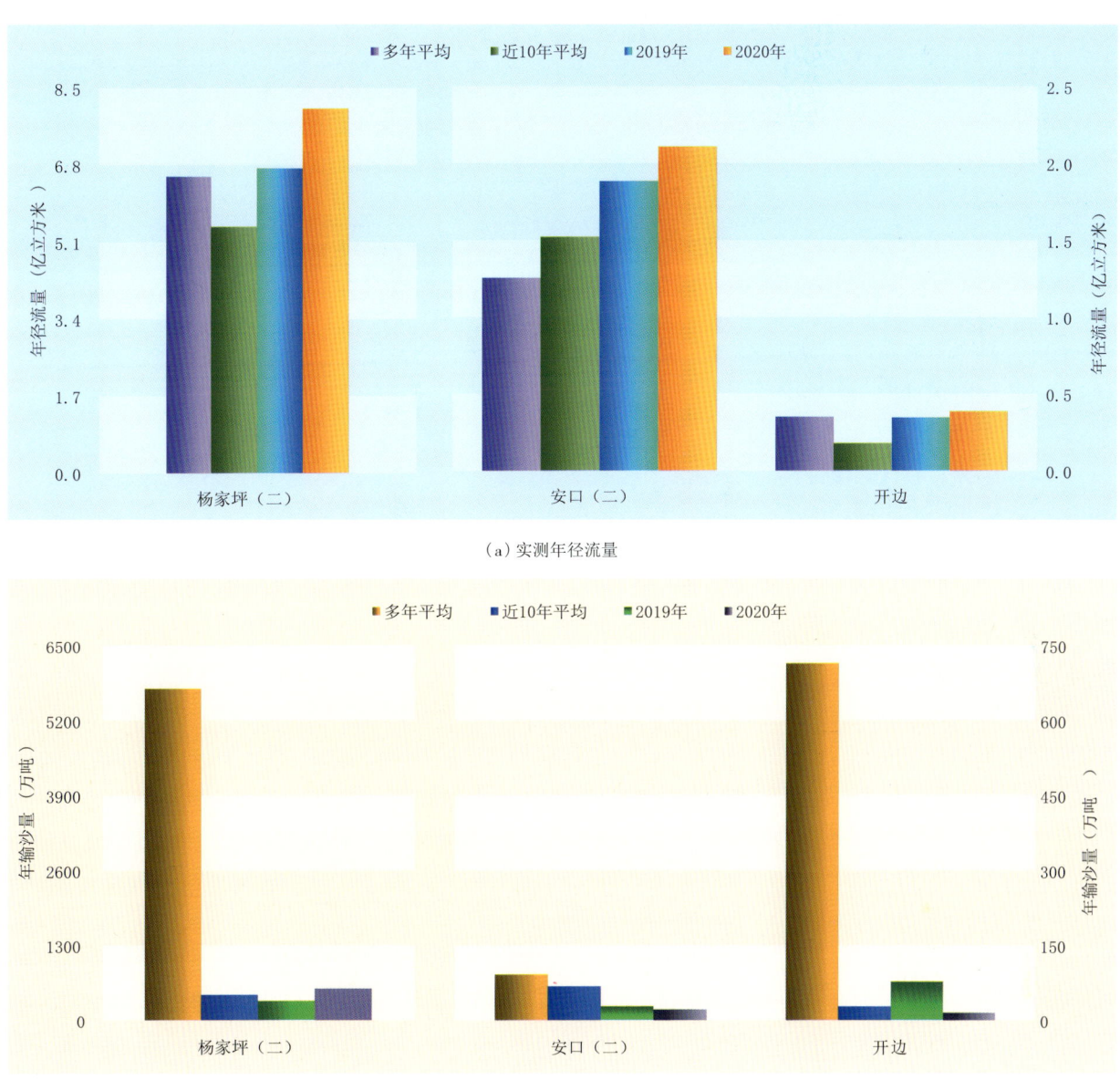

(a) 实测年径流量

(b) 实测年输沙量

图 2-11　2020 年泾河水系主要水文控制站径流量与输沙量对照

(2) 水沙特征值

泾河水系主要水文控制站 2020 年平均含沙量、输沙模数较多年平均值均偏小。具体数值见表 2-12。

表2-12 2020年泾河水系主要水文控制站水沙特征值统计表

河流	干流	支流	
		汭河	茹河
水文控制站	杨家坪(二)	安口(二)	开边
年最大流量(立方米/秒)	277	138	16.2
出现时间(月、日)	8月24日	8月23日	8月7日
年平均含沙量(千克/立方米) 多年平均	87.8 (1956—2020)	7.28 (1976—2020)	204 (1978—2020)
年平均含沙量(千克/立方米) 2019年	4.97	1.49	22.4
年平均含沙量(千克/立方米) 2020年	6.85	1.04	3.88
年最大断面平均含沙量(千克/立方米)	213	34.3	84.9
出现时间(月、日)	8月4日	8月3日	8月7日
输沙模数[吨/(年·平方千米)] 多年平均	4070 (1956—2020)	809 (1976—2020)	3200 (1978—2020)
输沙模数[吨/(年·平方千米)] 2019年	236	248	346
输沙模数[吨/(年·平方千米)] 2020年	390	195	66.8

(3)径流量与输沙量的年内分配

经对2020年泾河水系主要水文控制站逐月实测径流量、输沙量统计,泾河干流杨家坪(二)站,2020年4～9月径流量占年径流量的63%,输沙量占年输沙量的98%。泾河支流汭河安口(二)站、茹河开边站2020年4～9月径流量分别占年径流量的70%、57%,输沙量分别占年输沙量的100%、93%。

主要水文控制站逐月径流量与输沙量分配见图2-12。

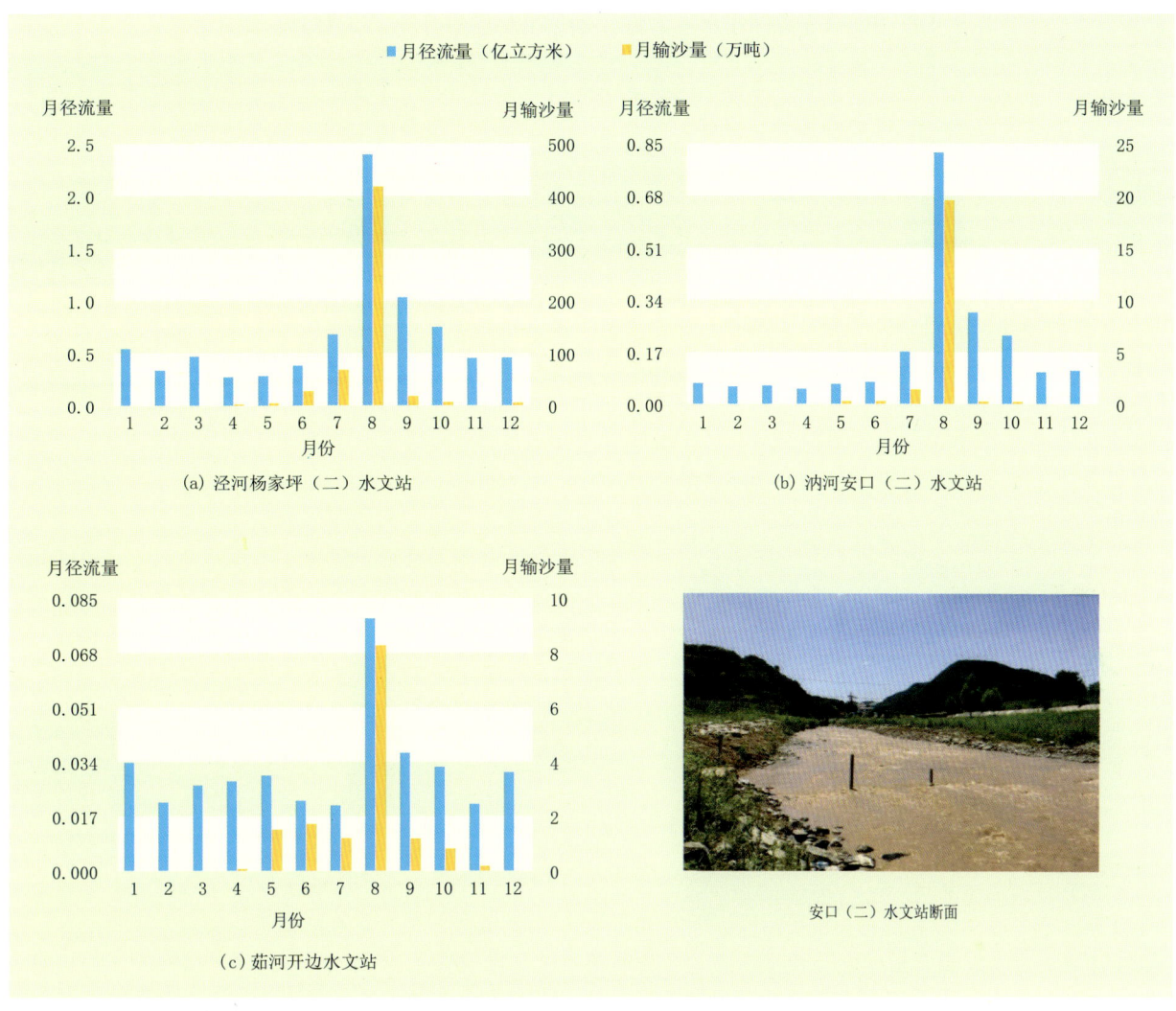

图 2-12　2020 年泾河水系主要水文控制站逐月径流量与输沙量对比

（三）长江流域

1. 径流量与输沙量

经对 2020 年长江流域嘉陵江水系主要水文控制站实测径流量、输沙量，以及与多年平均值、近 10 年平均值、上年值统计比较，各河流控制断面均为丰水年，嘉陵江支流西汉水镡家坝（二）、白龙江武都（二）控制断面为多沙年，其余各河流控制断面均为少沙年。主要水文控制站年径流量与输沙量情况见表 2-13、图 2-13。

长江流域嘉陵江水系嘉陵江干流谈家庄站 2020 年径流量 15.93 亿立方米，较多年平均值偏大 39%，较近 10 年平均值偏大 55%，比上年值增大 65%；年输沙量 245 万吨，较多年平均值偏小 4%，较近 10 年平均值偏大 17%，比上年值增大 205%。

表 2-13 2020年嘉陵江水系主要水文控制站实测年径流量与输沙量统计表

河　　流		干　流	支　　流				
			长丰河	西汉水		白龙江	岸门口河
水文控制站		谈家庄	成　县	礼县(二)	镡家坝(二)	武都(二)	康　县
控制流域面积(平方千米)		6694	1502	3184	9538	14 288	217
年径流量 (亿立方米)	多年平均	11.50 (1977—2020)	2.571 (1964—2020)	2.608 (1963—2020)	12.27 (1965—2020)	40.18 (1964—2020)	0.624 0 (1986—2020)
	近10年平均	10.30	2.677	2.363	12.28	44.20	0.820 4
	2019年	9.644	2.758	2.588	15.47	49.29	0.943 5
	2020年	15.93	5.513	6.179	27.85	70.58	1.576
	与多年平均值 比较(%)	39	114	137	127	76	153
	与近10年平均值 比较(%)	55	106	161	127	60	92
	与2019年值 比较(%)	65	100	139	80	43	67
年输沙量 (万吨)	多年平均	254 (1977—2020)	94.7 (1964—2020)	596 (1963—2020)	1 440 (1965—2020)	1 230 (1964—2020)	15.8 (1986—2020)
	近10年平均	210	59.9	85.3	783	985	9.63
	2019年	80.2	16.3	18.8	434	719	3.76
	2020年	245	57.3	235	2400	2760	15.1
	与多年平均值 比较(%)	−4	−39	−61	67	124	−4
	与近10年平均值 比较(%)	17	−4	175	207	180	57
	与2019年值 比较(%)	205	252	1150	453	284	302

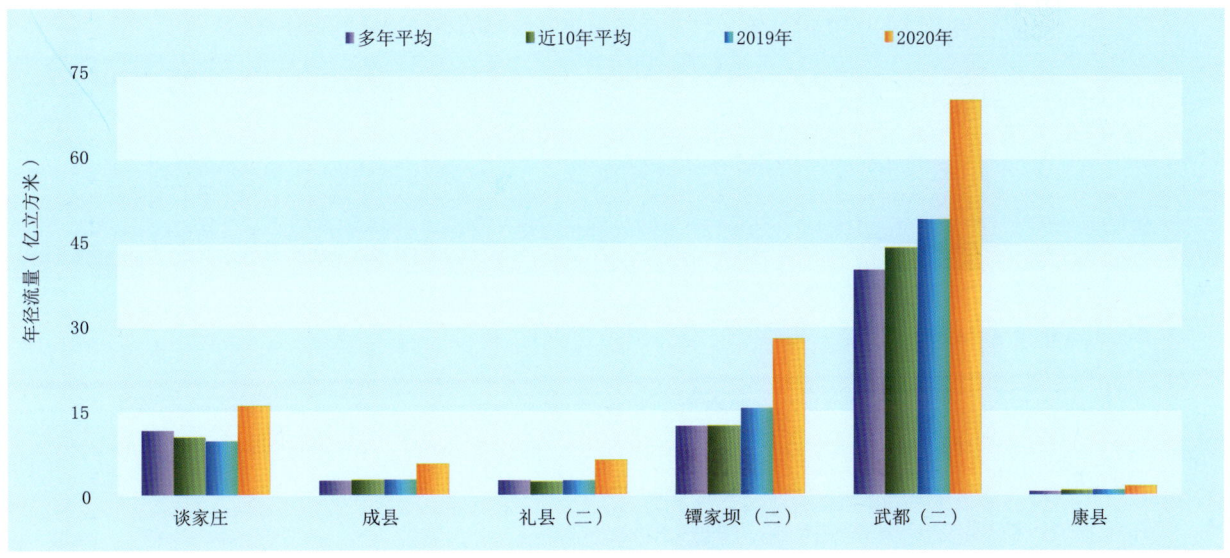

(a) 实测年径流量

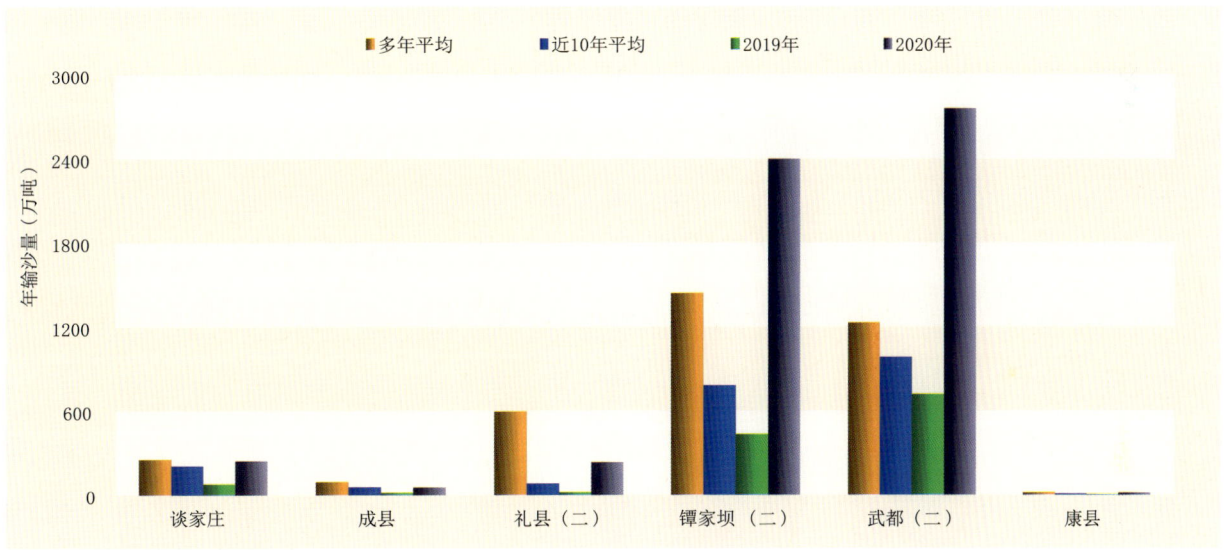

(b) 实测年输沙量

图 2-13　2020 年嘉陵江水系主要水文控制站径流量与输沙量对比

2. 水沙特征值

嘉陵江水系主要水文控制站 2020 年平均含沙量、输沙模数较多年平均值除武都（二）站，其余站均偏小。具体数值见表 2-14。

表 2-14 2020年嘉陵江水系主要水文控制站水沙特征值统计表

河流	干流	支流			
		长丰河	西汉水		白龙江	岸门口河
控制水文站	谈家庄	成县	礼县(二)	镡家坝(二)	武都(二)	康县
年最大流量(立方米/秒)	4450	688	684	3120	1460	361
出现时间(月、日)	8月16日	8月23日	8月17日	8月18日	8月17日	8月12日
年平均含沙量(千克/立方米) 多年平均	2.21 (1977—2020)	3.68 (1964—2020)	22.9 (1963—2020)	11.7 (1965—2020)	3.06 (1964—2020)	2.53 (1986—2020)
年平均含沙量(千克/立方米) 2019年	0.832	0.591	0.726	2.81	1.46	0.399
年平均含沙量(千克/立方米) 2020年	1.54	1.04	3.80	8.62	3.91	0.958
年最大断面平均含沙量(千克/立方米)	7.38	7.36	24.9	49.9	105	7.12
出现时间(月、日)	8月16日	8月18日	8月12日	8月18日	8月17日	8月12日
输沙模数[吨/(年·平方千米)] 多年平均	379 (1977—2020)	630 (1964—2020)	1870 (1963—2020)	1510 (1965—2020)	861 (1964—2020)	728 (1986—2020)
输沙模数[吨/(年·平方千米)] 2019年	120	109	59.0	455	503	173
输沙模数[吨/(年·平方千米)] 2020年	366	381	738	2520	1930	696

3. 径流量与输沙量的年内分配

经对2020年嘉陵江水系主要水文控制站逐月实测径流量、输沙量统计，谈家庄2020年4～9月径流量占年径流量的76%，输沙量占年输沙量的100%。嘉陵江支流长丰河成县站、西汉水镡家坝(二)站、白龙江武都(二)站2020年4～9月径流量分别占年径流量的69%、68%、63%，输沙量分别占年输沙量的99%、91%、85%。

主要水文控制站逐月径流量与输沙量分配见图2-14。

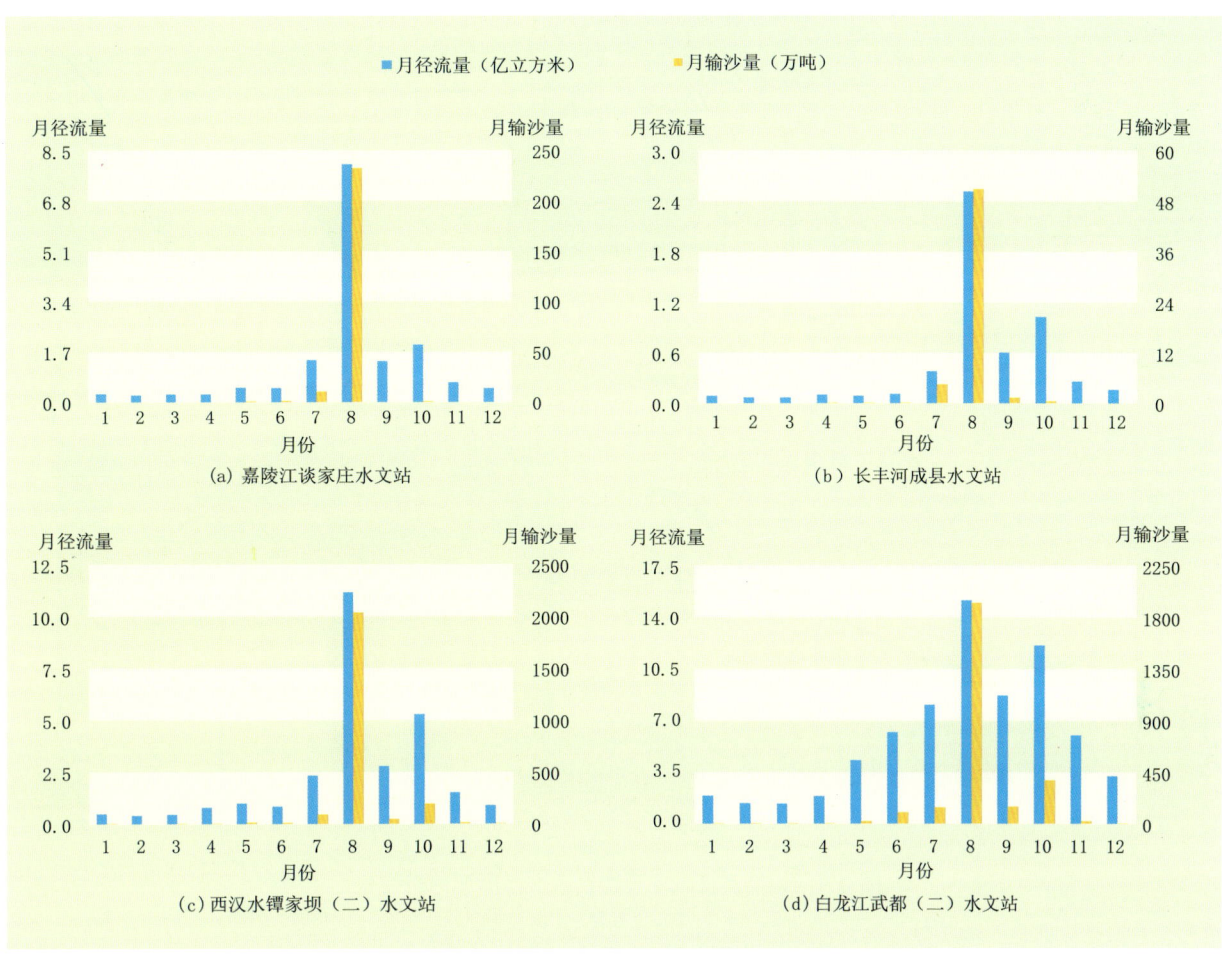

图 2-14　2020 年嘉陵江水系主要水文控制站逐月径流量与输沙量对照

三、控制断面冲淤变化

公报选用三大流域 19 个控制水文站进行了测验断面冲淤变化分析，其中内陆河流域 3 个、黄河流域 13 个（含黄委水文局 9 个）、长江流域 3 个。

（一）内陆河流域

图 3-1 为昌马河昌马堡站、黑河莺落峡站和西营河九条岭站测验断面套绘图。据图分析，昌马堡站断面与上年度相比，主槽冲刷；莺落峡站断面与上年度及历史年份相比，冲淤变化不大；九条岭站断面与上年度及历史年份相比，冲淤变化不大。

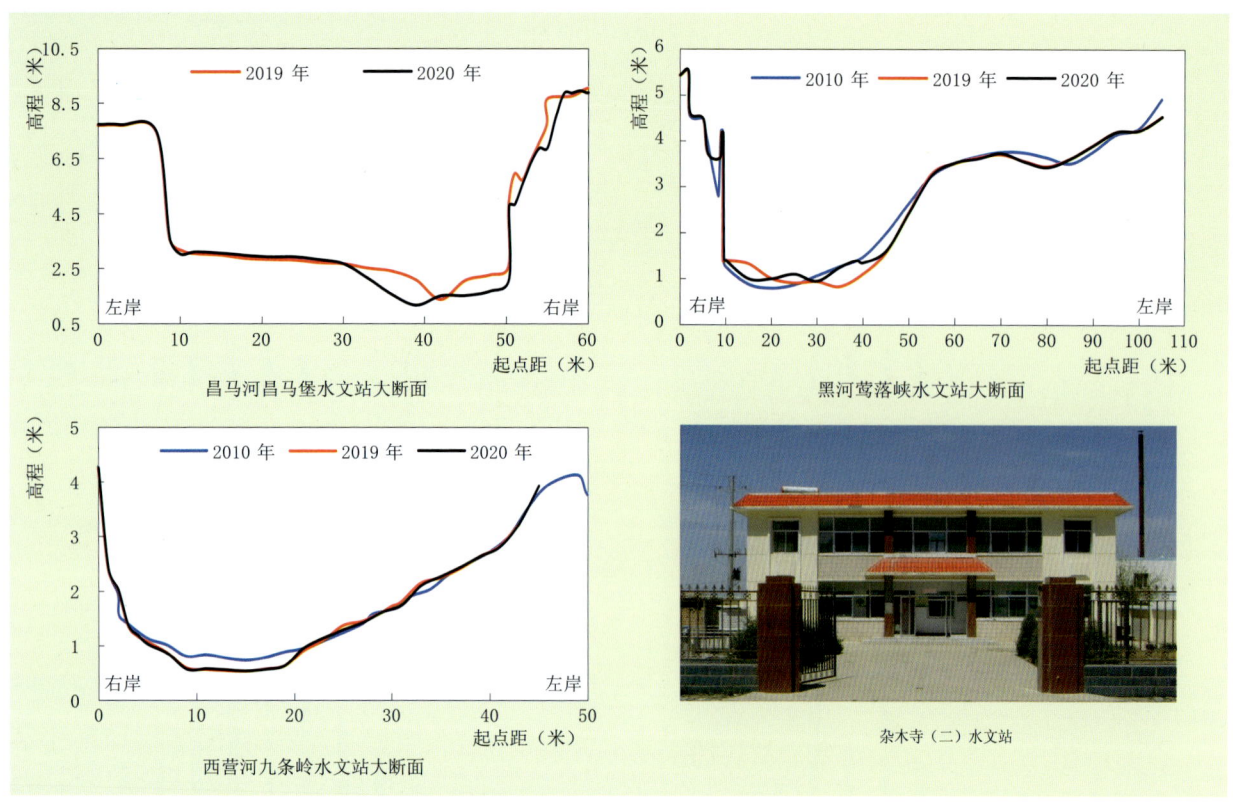

图 3-1　内陆河流域主要控制水文站断面冲淤变化

(二)黄河流域

1. 黄河干流

(1)黄河干流控制站

图 3-2 为黄河干流兰州站、安宁渡(二)站测验断面套绘图。据图分析，兰州站断面与上年度基本重合；与历史年份相比，主槽冲刷严重。安宁渡(二)站与上年度相比，冲淤变化不大；与历史年份相比，左冲刷右淤积。

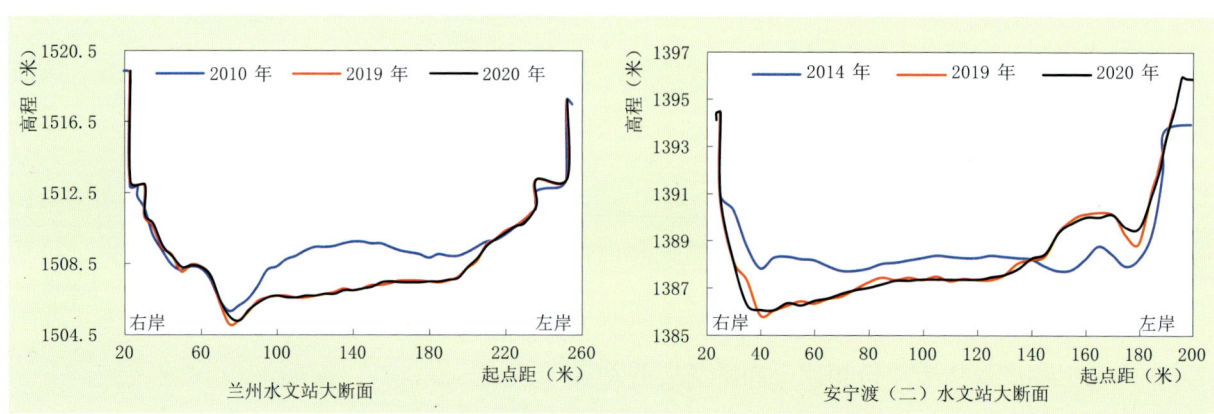

图 3-2　黄河干流水文控制站断面冲淤变化

(2)黄河支流控制站

图 3-3 为汇入黄河干流一级支流重要水文控制站测验断面套绘图,包括大夏河折桥(二)站、洮河红旗站、湟水民和(三)站、大通河享堂(三)站、庄浪河红崖子站、祖厉河靖远站。

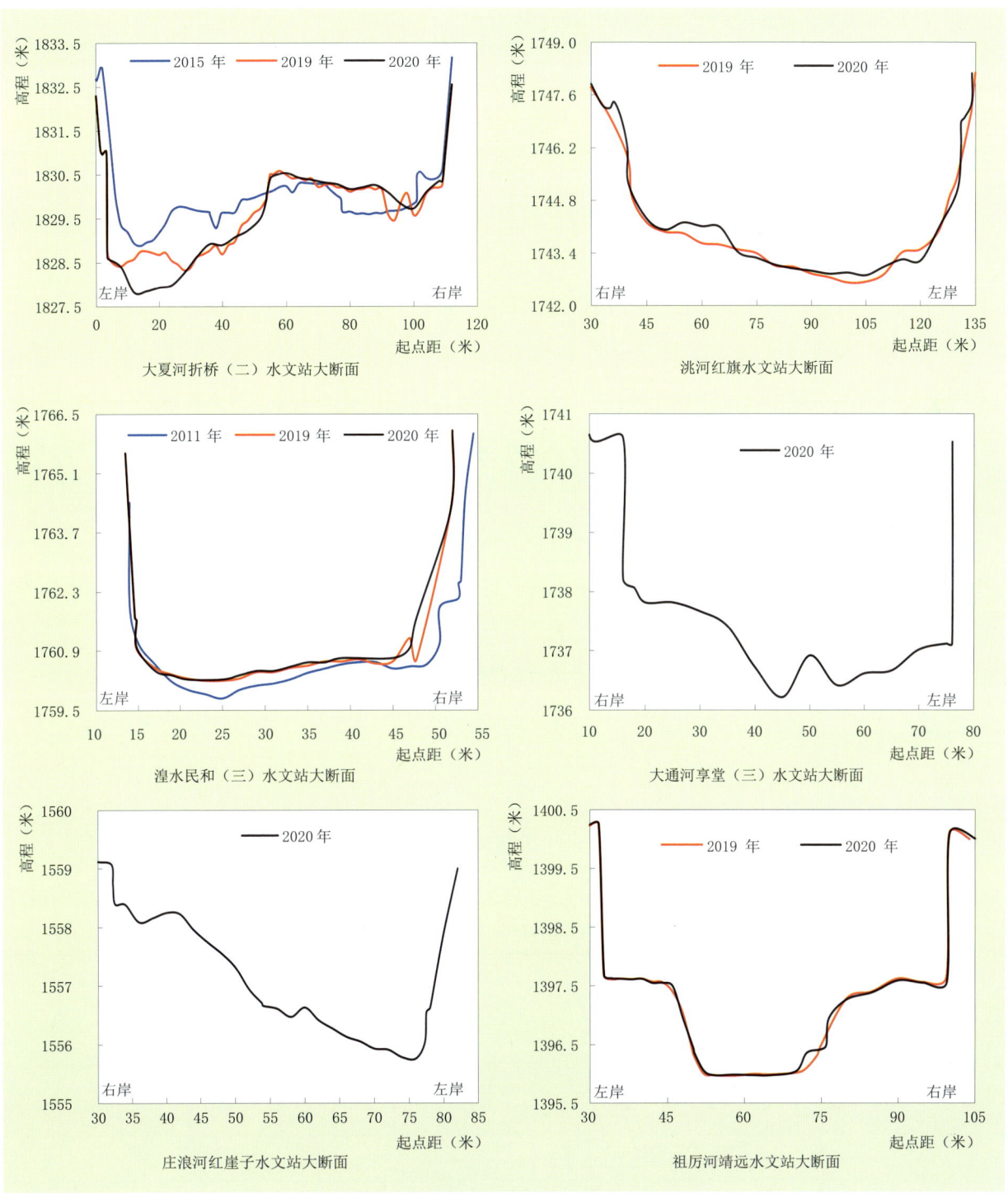

图 3-3 黄河支流水文控制站断面冲淤变化

据图分析，大夏河折桥(二)站断面与上年度及历史年份相比，主槽冲刷严重。洮河红旗站断面与上年度相比，冲刷变化不大。湟水民和(三)站断面与上年度基本重合；与历史年份相比，淤积明显。大通河享堂(三)站2020年6月河道治理施工完成。庄浪河红崖子站2020年测验断面重新率定起点距。祖厉河靖远站断面与上年度基本重合。

2. 渭河

(1) 渭河干流控制站

图3-4为渭河干流武山站、北道站测验断面套绘图。据图分析，武山站断面与上年度基本重合，与历史年份相比，断面冲淤变化较大。北道站断面与上年度重合，与历史年份相比，主槽右岸冲刷。

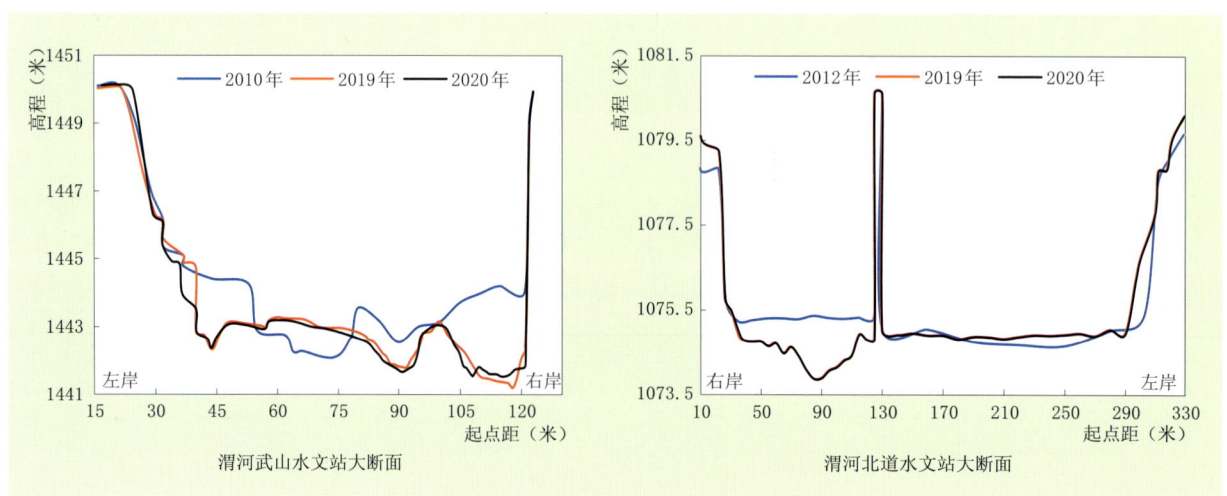

图3-4 渭河干流水文控制站断面冲淤变化

(2) 渭河支流控制站

图3-5为渭河支流散渡河甘谷(三)站、葫芦河秦安站测验断面套绘图。据图分析，甘谷(三)站断面与上年度相比，冲淤变化不大；与历史年份相比，主槽淤积。秦安站与上年度基本重合。

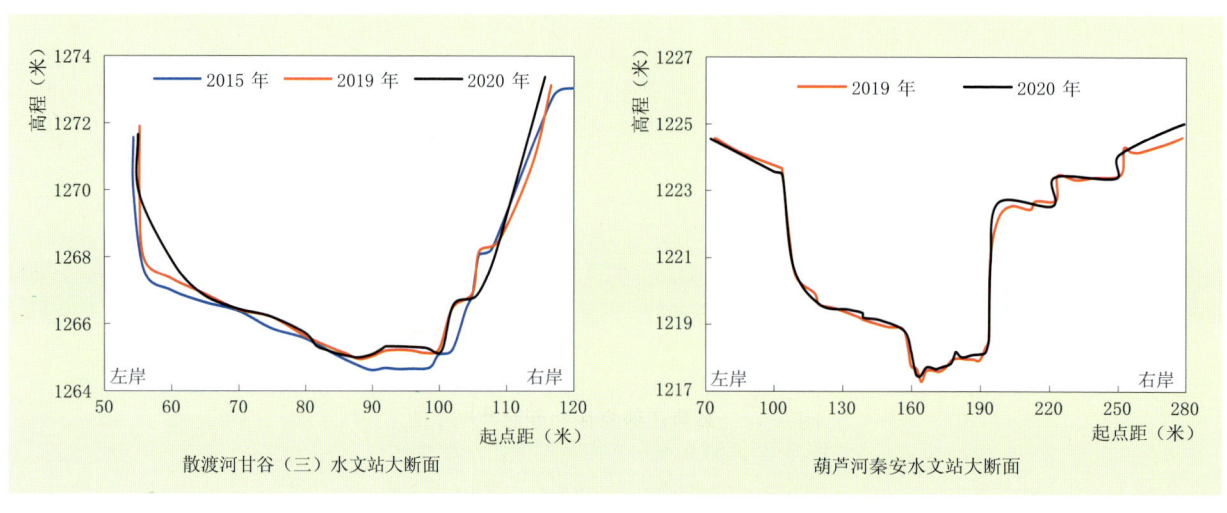

图3-5 渭河支流水文控制站断面冲淤变化

3. 泾河

图 3-6 为泾河干流杨家坪（二）站测验断面套绘图。据图分析，杨家坪（二）站断面与上年度相比，冲淤变化不大；与历史年份相比，主槽左右岸淤积。

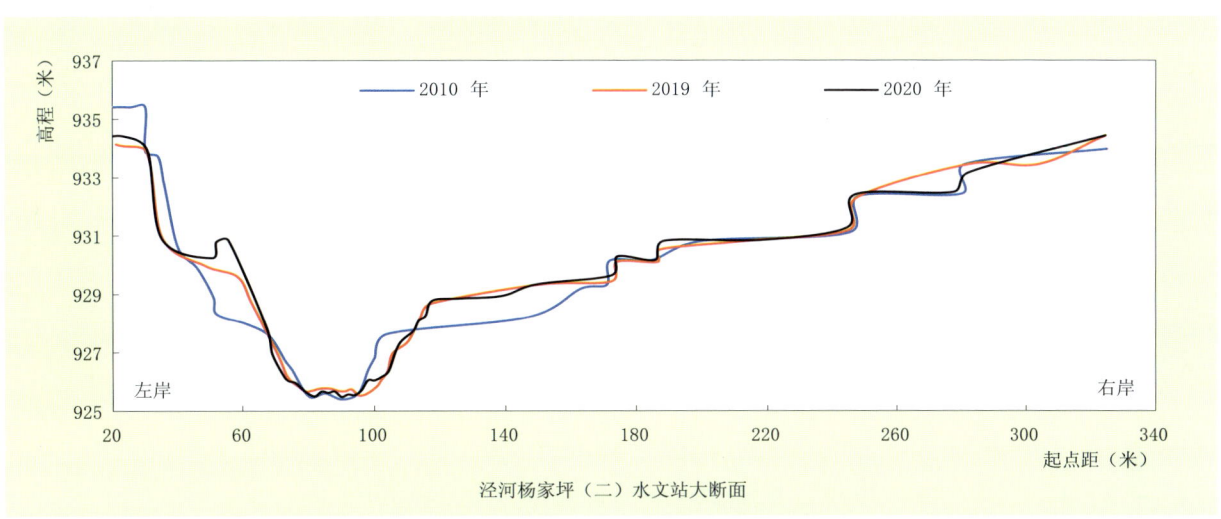

图 3-6　泾河杨家坪（二）站断面冲淤变化

（三）长江流域

1. 嘉陵江干流控制站

图 3-7 为嘉陵江干流谈家庄站测验断面套绘图。据图分析，谈家庄站断面与上年度及历史年份相比，冲淤变化不大。

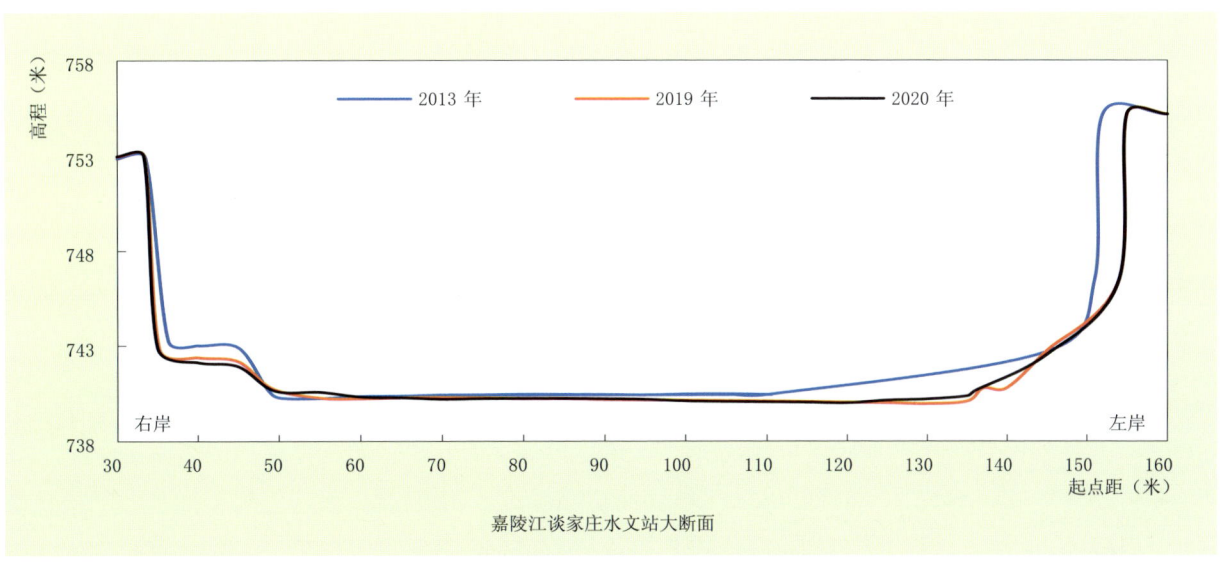

图 3-7　嘉陵江谈家庄站断面冲淤变化

2. 支流控制站

图 3-8 为嘉陵江支流西汉水镡家坝（二）站、白龙江武都（二）站测验断面套绘图。据图分析，镡

家坝(二)站断面与上年度及历史年份相比,冲刷严重。武都(二)站断面与上年度相比,冲淤变化不大;与历史年份相比,冲淤变化较大。

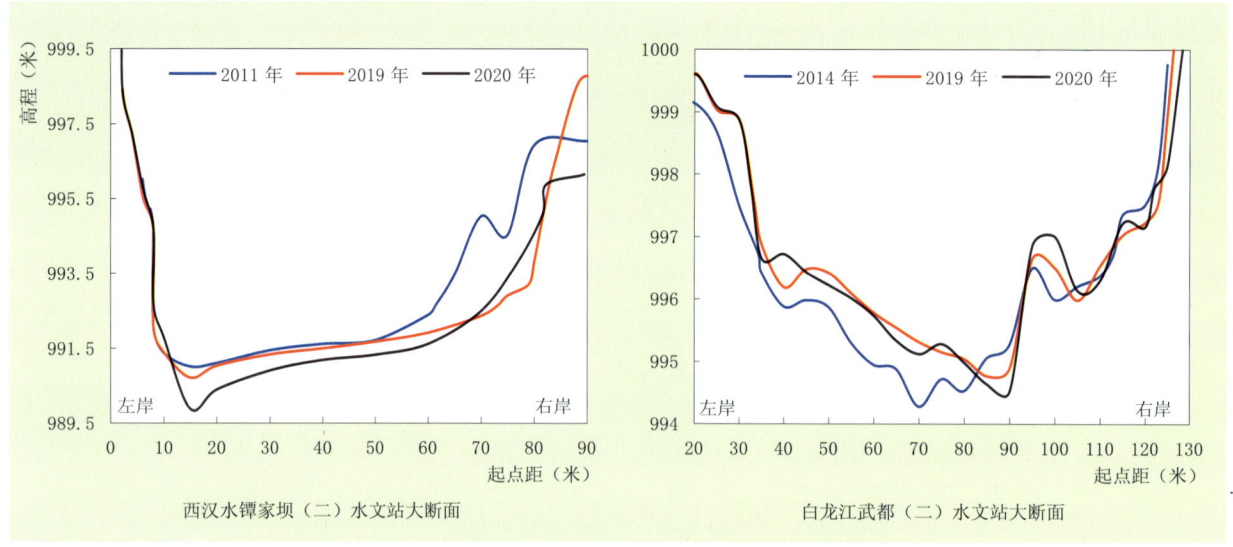

图 3-8　嘉陵江支流主要水文控制站断面冲淤变化

责任编辑：杨丽丽　　封面设计：王毓森

ISBN 978-7-5424-2864-6

定价：65.00元

国家基本职业培训包（指南包 课程包）

农艺工

人力资源社会保障部职业能力建设司编制

中国劳动社会保障出版社